Typenkompass

Horst W. Laumanns

Kreuzfahrtschiffe

auf Weltmeeren und Flüssen

pietsch

Einbandgestaltung: Sven Rauert

Titelbild: Sea Cloud II (Foto: Sea Cloud Cruises), AIDAmar (Foto: AIDA Cruises), Flusskreuzer auf der Donau (Foto: Viking Flusskreuzfahrten).

Dank gilt den Reedereien und Veranstaltern für die Genehmigungen zum Abdruck der Fotos. Sofern nicht anders vermerkt, stammen alle verwendeten Abbildungen von diesen Unternehmen.

ISBN 978-3-613-50705-0

1. Auflage 2012

Sie finden uns im Internet unter
www.pietsch-verlag.de

Lektorat: Susanne Fischer
Innengestaltung & Satz: pagina GmbH, Tübingen
Druck und Bindung: Kessler Druck und Medien, 86399 Bobingen
Printed in Germany

Inhalt

Als Begründer »luxuriöser Seereisen« gilt Albert Ballin (1857–1918). Seit 1886 im Dienst der HAPAG (Hamburg-Amerikanische Packetfahrt-Actien-Gesellschaft) und ab 1899 deren Generaldirektor, begann er 1891 mit der Veranstaltung von Kreuzfahrten. Denn: Wegen schlechten Wetters wurden Transatlantik-Passagen in den Wintermonaten weniger gebucht. So entsandte Ballin den Schnelldampfer *Augusta Victoria* vom 22. Januar bis 21. März 1891 zu einer »Bildungs- und Vergnügungsfahrt« ins Mittelmeer. Die Fahrt verlief erfolgreich, das Schiff war ausgebucht und die »Kreuzfahrt« geboren. Von nun an waren »Vergnügungsreisen« fester Bestandteil des HAPAG-Angebotes.

Albert Ballin. Briefmarke der Deutsche Bundespost zu seinem 100. Geburtstag

Mehr als 120 Jahre später hat sich aus Ballins kommerzieller »Notlösung« eine moderne, seit Jahren boomende Kreuzfahrt entwickelt. Immer mehr Menschen finden Gefallen an diesen schwimmenden Hotels. Eigens für diesen Zweck gebaute Schiffe befahren die Weltmeere und Flüsse. In den Hafenstädten und den interessantesten und schönsten Winkeln der Erde sind Cruise Liner ein alltäglicher Anblick – von den exotischsten Inseln bis zur eisigen Antarktis, von Europas romantischen Binnengewässern bis zu den wilden Schluchten des chinesischen Jangtse.

Traditionelle Cruise und Ocean Liner wahren exklusiven Luxus und Segelschiffe die Romantik vergangener Zeiten, modernes Fun Cruising auf riesigen Spaß-Schiffen bietet Urlaub in zwangloser Club-Atmosphäre, Studien- und Expeditionskreuzfahrten erschließen die entlegensten Regionen.

Kreuzfahrten vermitteln ein ganz besonderes Reiseerlebnis: Zwischen Ein- und Ausschiffung liegen geruhsame Tage an Bord, Hafentage und

Geruhsamer Familienurlaub (Foto: AIDA Cruises)

Ausflüge an Land. Flusskreuzfahrten sind wie gemacht für Städtefans, Gourmets und Kulturliebhaber. Mit anderen Worten: Entspannte Städtereisen mit dem eigenen Wohn- und Schlafzimmer im Gepäck und ohne ständiges Kofferpacken.

Dieser Typenkompass kann nur einen begrenzten Einblick in die reizvolle Welt der See- und Flussschiffe bieten. Allgemeine und Technische Informationen sind in Tabellen zusammengefasst. Alle genannten Schiffe sind in einem speziellen Register in alphabetischer Reihenfolge aufgeführt.

Exklusivität und Luxus an Bord eines traditionellen Ocean Liners (Foto: Cunard Line)

Segelromantik
(Foto: Sea Cloud Cruises)

Hamburg, 12. Mai 2012: Taufe der AIDAmar in Gegenwart ihrer Schwesterschiffe AIDAblu, AIDAluna und AIDAsol

AIDA Cruises

Mit der Indienststellung der *AIDA – Das Clubschiff* im Sommer 1996 (seit Dezember 2001 kreuzt sie als AIDAcara) begann die Erfolgsstory der AIDA Cruises. Ihr anfangs primär auf ein jüngeres Publikum ausgerichtetes Funship-Konzept (frei übersetzt: Spaßschiff-Konzept) revolutionierte die deutsche Kreuzschifffahrt-Szene. Statt der altgewohnten strengen Tischordnungen und festgesetzten Tischzeiten werden Mahlzeiten der internationalen Küche in Buffet-Form vom Sonnenaufgang bis zum späten Abend angeboten. Vielfältige Sport-, Fitness- und Wellnessangebote (Body & Soul) sowie ein professionelles atemberaubendes Entertainment der Spitzenklasse (Musicals, Shows, Akrobatik, Comedy), Bars und Discos lassen die Tage (und Nächte) wie im Fluge vergehen – fern aller steifen Etikette und dennoch mit Stil. Gleichwohl: Wer Ruhe und Entspannung oder das besondere Etwas sucht, findet auch dies an Bord – beispielsweise in den À-la-carte-Restaurants. Vollpension, Kinderbetreuung im Kids-Club und Trinkgelder sind ebenso im Reisepreis enthalten wie die Tischgetränke in den Buffet-Restaurants.

Auf *AIDAblu, AIDAmar* und *AIDAsol* gibt es sogar eigene Brauhäuser.

Seit Mai 2012 betreibt AIDA neun Kreuzfahrtschiffe und plant, seine »lächelnde« Flotte mit dem roten Kussmund und dem betörenden Augenaufschlag bis 2016 um drei weitere moderne Schiffe zu vergrößern.

Alle Cruise Liner der AIDA Cruises fahren unter italienischer Flagge und sind in Genua beheimatet. Bordsprache: Deutsch.

Eine allumfassende Darstellung der gesamten AIDA-Flotte würde den Rahmen dieses Typenkompass' sprengen. Allgemeine und Technischen Daten und Fakten finden sich in den nachstehenden Tabellen ausgewählter Schiffe.

Kontakt für zusätzliche Informationen:

AIDA Cruises Rostock,

Tel. (0381) 20 27 07 22; www.aida.de

AIDAcara

Dank umfassender Renovierungen, Umbauten und Modernisierungen bietet diese Pionierin der »Kussmund«-Flotte jugendlichen Charme und eine faszinierende Atmosphäre und braucht sich vor ihren jüngeren »Schwestern« nicht zu verstecken. Sportlichen Ambitionen sind keine Grenzen gesetzt: Jogging mit Meerblick, eine Runde Golf oder Volleyball oder Abkühlung im seewasserreinen Pool auf dem fast 3000 Quadratmeter großen Sonnendeck. Und auf Nachtschwärmer warten Bars, Discos und Entertainment …

Daten & Fakten	
Indienststellung	1996
Umbau/Renovierung	2005, 2009, 2011
Länge (m)	193,30
Breite (m)	27,60
Vermessung (Tonnage, BRZ)	38.557
Tiefgang (m)	6,00
Passagierdecks	11
Antriebsleistung (Fahrmotor, kW)	21.720
Geschwindigkeit (Knoten)	20
Gästekabinen	633
Restaurants/Bars	3/4
Besatzungsstärke	369

Balkonkabine

AIDAcara

AIDAaura

Zu AIDAs Klassikern zählt die im April 2003 als drittes Clubschiff in Dienst gestellte *AIDAaura*. Fast baugleich mit ihrem Schwesterschiff *AIDAvita,* bietet sie neben den auf *AIDAcara* bewährten Elementen des Clubschiff-Konzepts ein eigenes begeisterndes Ambiente. Beliebt ist *AIDAaura* für ihre sternenförmig angeordnete AIDA-Bar. In der bewährten Tradition ihrer Schwestern bietet auch *AIDAaura* ein unvergleichliches Restaurant-Deck sowie ein riesiges Sportangebot.

Daten & Fakten	
Indienststellung	2003
Länge (m)	202,85
Breite (m)	28,10
Vermessung (Tonnage, BRZ)	42.289
Tiefgang (m)	6,20
Passagierdecks	12
Antriebsleistung (Fahrmotor, kW)	18.800
Geschwindigkeit (Knoten)	20
Gästekabinen	633
Restaurants/Bars	3/5
Besatzungsstärke	389

AIDAaura: À-la-carte-Restaurant Rossini

AIDAaura

AIDAluna

Nach ihren Schwesterschiffen *AIDAdiva* (Indienststellung 2007) und *AIDAbella* (Indienststellung 2008) lief *AIDAluna* 2008 bei der Meyer Werft GmbH, Papenburg, vom Stapel und wurde im folgenden Jahr in Dienst gestellt. Wegen ihrer hervorragenden kulinarischen Angebote wurde die *AIDAluna* von der Redaktion des Schlummer-Atlas zum »Schiff des Jahres 2010« gekürt. Benannt nach der römischen Mondgöttin, zählt *AIDAluna* neben ihren beiden »Schwestern« zu den ersten in Deutschland gebauten Schiffen für mehr als 2000 Passagiere.

Daten & Fakten	
Indienststellung	2009
Länge (m)	252,00
Breite (m)	32,20
Vermessung (Tonnage, BRZ)	69.203
Tiefgang (m)	7,20
Passagierdecks	13
Antriebsleistung (Fahrmotor, kW)	24.800
Geschwindigkeit (Knoten)	20
Gästekabinen	1097
Restaurants/Bars/ Brauerei	7/11/1
Besatzungsstärke	611

AIDAluna

AIDAmar

Zum 823. Geburtstag des Hamburger Hafens feierte AIDA Cruises am 12. Mai 2012 die Taufe ihres neuen Cruise Liners: *AIDAmar.* Bei dieser grandiosen Weltpremiere geleiteten *AIDAblu, AIDAluna* und *AIDAsol* ihre jüngste »Schwester« zur spektakulären Taufe auf der Elbe. In der Geschichte der Kreuzfahrt hatte es so etwas noch nie gegeben! Noch am gleichen Abend lief die *AIDAmar* zur Jungfernfahrt nach Nordeuropa aus.

AIDAmar, Taufe; 12. Mai 2012, Hamburg

Von der Carnival Corporation im Dezember 2007 bei der Meyer Werft in Auftrag gegeben, war *AIDAmar* am 1. April 2012 in Papenburg ausgedockt worden.

Daten & Fakten	
Indienststellung	2012
Länge (m)	252,00
Breite (m)	32,20
Vermessung (Tonnage, BRZ)	71.100
Tiefgang (m)	7,20
Passagierdecks	14
Antriebsleistung (Fahrmotor, kW)	24.800
Geschwindigkeit (Knoten)	20
Gästekabinen	1025
Restaurants/Bars	7/11
Besatzungsstärke	607

AIDAmar (Foto: Meyer Werft, Papenburg)

AMBIENTE Kreuzfahrten
Princess Daphne

Stolz prangt auf dem Schornstein der *Princess Daphne* auf rotem Grund das »A« der AMBIENTE Kreuzfahrten. 1955 als Frachter in Dienst gestellt, fährt die heutige *Princess Daphne* seit 1974 als luxuriöses Kreuzfahrtschiff. 2003 vollständig umgebaut und modernisiert, wurde sie seit 2008 jährlich renoviert. Im Laufe ihres langen erfolgreichen Kreuzfahrtdienstes hat sie sich als *Daphne, Switzerland, Ocean Odyssey* und *Ocean Monarch* einen hervorragenden Ruf erworben. Die Passagiere schätzen ihr gutes Seeverhalten, lieben die außerordentlich geräumigen, freundlich eingerichteten Kabinen und Suiten, ihr langgestrecktes, großes Achterdeck und das sehr persönliche Ambiente dieses großartigen kleinen Schiffes. Maximal 460 Gäste werden von mehr als 200 Crew-Mitgliedern umsorgt.

Im Restaurant gibt es nur eine feste Tischzeit und abwechslungsreiche Tagesmenüs. Ergänzend sind Frühstück und Mittagessen als Buffet auf dem Pool-Deck möglich. Im Preis ein-

AMBIENTE, Princess Daphne, Außenansicht

geschlossen sind unter anderem Vollpension, Hafen- und Passgiergebühren, Tischwein und Wasser zu den Hauptmahlzeiten, musikalischer Frühschoppen, Entertainment, Wellness-, Fitness- und Sporteinrichtungen.

Ein großes Plus dieses klassischen Cruise Liners ist, dass die *Princess Daphne* dank ihrer moderaten Größe in Gewässern kreuzen und Häfen anlaufen kann, die ihren großen Konkurrentinnen oft verschlossen sind.

Princess Daphne fährt unter portugiesischer Flagge; Heimathafen: Madeira. Bordsprache: Deutsch.

Kontakt für zusätzliche Informationen:
AMBIENTE Kreuzfahrten Berlin,
Tel. (030) 81 40 50 0;
www.ambientekreuzfahrten.de

Daten & Fakten	
Indienststellung	1974 (Kreuzfahrtschiff)
Länge (m)	162,37
Breite (m)	21,34
Vermessung (Tonnage, BRZ)	15.833
Tiefgang (m)	7,80
Passagierdecks	7
Antriebsleistung (Fahrmotor, kW)	19.432
Geschwindigkeit, max. (Knoten)	15,5
Gästekabinen	241
Restaurants/Bars	1/4
Besatzungsstärke	230

Princess Daphne, Achterdeck

Carnival Breeze

Carnival Cruise Lines

Wäre Carnivals erstes Schiff, die *TSS Mardi Gras*, bei ihrer Jungfernfahrt 1972 nicht vor Miami (Florida) auf Grund gelaufen, wäre das Funship-Konzept vielleicht nie verwirklicht worden. So sah sich Theodore »Ted« Arison als Eigner und exzellenter Geschäftsmann gezwungen, die an Bord im wahrsten Sinne des Wortes festsitzenden Passagiere mit allen verfügbaren Mitteln zu unterhalten, um keine Langeweile oder gar Ängste aufkommen zu lassen. Als die *Mardi Gras* wieder flott war und ihre Cruise fortsetzen konnte, war die Idee des typisch amerikanischen »Vergnügungsdampfers« geboren.

CARNIVAL BREEZE

Carnival Breeze

Als vierzig Jahre später, am 3. Juni 2012, die *Carnival Breeze* als 24. Cruise Liner und Flaggschiff der Carnival Cruise Line (CCL) in Venedig zu ihrer ersten Kreuzfahrt in See stach, zählte CCL längst zu den führenden Kreuzfahrtreedereien; gemessen an ihren Passagierzahlen ist sie der größte Kreuzfahrtveranstalter der Welt.

Nach Indienststellung der *Carnival Dream* (2009) und *Carnival Magic* (2011) ist die *Carnival Breeze* das jüngste Mitglied der innovativen neuen Dream-Klasse. Wie ihre »Schwestern« zieren auch ihren Schornstein die charakteristischen, an die Schwanzflosse (Fluke) eines Wales erinnernden Flügel. Dank der Verbindung von europäischem und tropischem Ambiente zeigt die *Carnival Breeze* ein außerordentlich ansprechendes Flair und fantastische Neuerungen. Neben dem beliebten Vergnügungspark Water Works mit den höchsten Rutschen auf See bietet sie ihren Gästen zahlreiche andere tolle Attraktionen wie eine riesige Sportanlage mit Minigolf, Fitness- und Wellnessmöglichkeiten und dem Nervenkitzel schlechthin – dem Hochseilpark Sky Course.

Der ideale Ort für ein elegantes Dinner ist das À-la-carte-Restaurant. Freie Speisen- und Getränkeauswahl bietet das Buffet-Restaurant mit Ozeanblick, während Gesundheitsbewusste spezielle Spa Carnival Menüs finden. Exzellente Fleischgerichte serviert das Spezialitätenrestaurant The Steak House. Damit bietet dieses einzigartige Schiff perfekte Urlaubsstimmung – auch dank zahlreicher Clubs, Bars, Lounges, Schwimmbäder sowie einer Diskothek und Kasino! Anspruchsvolles Entertainment bieten Abendshows im Las-Vegas-Stil und internationale Künstler.

Bei keiner anderen Reederei gehen mehr Kinder und Teenager an Bord als bei Carnival Cruise Lines. Ruhe suchende Erwachsene finden diese im Serenity-Bereich.

Die *Carnival Breeze* wird nicht nur in amerikanischen und karibischen, sondern auch in europäischen Gewässern kreuzen.

Obschon CCL nur Offiziere italienischer Nationalität anheuert, ist die Bordsprache Englisch; gleichwohl sind wichtige Informationen auch in deutscher Sprache verfügbar (deutschsprachiger Purser, Bordzeitung, Menükarten).

Kontakt für zusätzliche Informationen:
Carnival Cruise Lines München,
Tel. (089) 51 703; www.carnivalcruiselines.de

Der Vergnügungspark Waterworks

Carnival Breeze, Balkonkabine

Daten & Fakten	
Indienststellung	2012
Länge (m)	306,00
Breite (m)	35,00 (am Pooldeck 38,00)
Vermessung (Tonnage, BRZ)	126.000
Tiefgang (m)	8,30
Passagierdecks	14
Antriebsleistung (Fahrmotor, kW)	44.000
Geschwindigkeit, max. (Knoten)	20
Passagiere	3690
Restaurants/Bars	4/10
Besatzungsstärke	1386

Carnival Breeze, Atrium

Celebrity Cruises

Die Geschichte der Celebrity Cruises reicht zurück bis zu einem 1880 auf der griechischen Insel Chios gegründeten Segeltransportunternehmen. Fünfunddreißig Jahre später – 1915 – stieg John D. Chandris ins Passagiergeschäft ein. 1989 von der Reederei Chandris gegründet, führt die Flotte der Celebrity Cruises bis auf den heutigen Tag mit dem »X« das Logo des John D. Chandris (der griechische Buchstabe »Chi« steht für »Chandris« in der ursprünglichen griechischen Form: Xandris).

Celebrity Cruises ist bestrebt, unter dem Begriff »Modern Luxury« die besten Aspekte eleganter Kreuzfahrten mit modernem Lebensstil zu kombinieren, zeitlose Eleganz mit modernster Technik und Ausstattung zu verbinden. Wenn die *Celebrity Reflection* wie geplant am 12. Oktober 2012 zur Jungfernfahrt ausläuft, betreibt Celebrity Cruises eine Flotte von elf Schiffen. Alle ihre neuesten Cruise Liner der Solstice-Klasse wurden im niedersächsischen Papenburg auf der Meyer Werft gebaut und setzen neue Maßstäbe für elegante Ausstattung, großzügiges Raumangebot, exzellenten Komfort und hervorragende Gastronomie. Auch dank des hervorragenden Wellnessangebots erhielt Celebrity Cruises zahlreiche Preise und Auszeichnungen; beispielsweise den »Deutschen Kreuzfahrtpreis 2012« in der Kategorie »Produktinnovation«.

Eine allumfassende Darstellung aller Schiffe der Celebrity Cruises würde den Rahmen dieses Typenkompass' sprengen. Der Autor beschränkt sich deshalb auf das einzigartige Forschungsschiff *Celebrity Xpedition* und die jüngsten Schiffe *Celebrity Silhouette* und *Celebrity Reflection*.

Kontakt für zusätzliche Informationen:
Celebrity Cruises Frankfurt (Main),
Tel. (069) 92 00 71–0; www.celebritycruises.de

Celebrity Xpedition

Im wahrsten Sinne des Wortes als Entdeckerschiff gebaut, bietet die *Celebrity Xpedition* exklusive Erlebnisse im Naturparadies der Galápagosinseln. Komfortabel gestaltet und designed wie ein kleiner, feiner, exklusiver Club, wurde dieses einzigartige Schiff für »nur« 92 abenteuerhungrige Passagiere gemäß umweltschonenden Kriterien entworfen. Rund um das Jahr an sieben Tagen die Woche ist die *Celebrity Xpedition* die ideale Plattform zur Erkundung dieses Archipels mit 16 größeren und vielen kleineren Inseln und ihrer bemerkenswerten Tier- und Pflanzenwelt. Landausflüge in kleinen Gruppen erfolgen unter der Leitung erfahrener Reiseleiter und Naturforscher mit unsinkbaren Beibooten.

Das Hauptrestaurant, benannt nach dem englischen Naturforscher Charles Darwin, bietet kulinarischen Hochgenuss in feinstem Ambiente. Wer unter freiem Himmel mit Selbstbedienung speisen möchte, findet im Seagull Buffet eine ideale Alternative zu Darwin's Restaurant. Gute Getränke und atemberaubende Ausblicke gewährt die Blue Finch Bar, während das Sunrise Deck mit Whirlpool, Sauna und Sonnenliegen der Entspannung dient.

Daten & Fakten	
Inbetriebnahme	2001
Länge (m)	90,00
Vermessung (Tonnage, BRZ)	2.842
Geschwindigkeit (Knoten)	17
Passagiere	92
Passagierkabinen	45

Eines der unsinkbaren Beiboote

Celebrity Xpedition

Celebrity Silhouette

Wer schon immer mal an Bord eines Kreuzfahrtschiffes auf echtem grünem Rasen relaxen wollte, der sollte an Bord eines Schiffes der Solstice-Familie gehen. Es ist aber nicht nur die grüne, rund 2000 Quadratmeter große Rasenfläche, die diese Cruise Liner so außergewöhnlich macht! Von den zahlreichen neuen Einrichtungen der *Celebrity Silhouette* seien nur erwähnt: The Lawn Club Grill als erster interaktiver Freiluft-Grillplatz an Bord eines Kreuzfahrtschiffes, die Celebrity iLounge (die Celebrity Cruises zum ersten offiziellen Apple Vertriebspartner der Kreuzfahrtbranche macht) und – last, but not least – das Hauptrestaurant Grand Cuvée, dessen Mittelpunkt der zweistöckige Weinturm des Designers Tihany mit rund 500 verschiedenen Weinen bildet. In der über zwei Decks reichenden Einkaufspassage ist erstmalig an Bord eines Kreuzfahrtschiffes auch das Modehaus Bulgari präsent.

Als – vorerst – jüngstes Mitglied ihrer Klasse besticht die *Celebrity Silhouette* durch eine gelungene Kombination von Design und Innovation: von der großen Rasenfläche des Lawn Club über zehn außergewöhnliche Restaurants bis hin zur neuen Kabinenkategorie Aqua Class.

Wie alle bisherigen Mitglieder der Solstice-Familie wurde auch die *Celebrity Silhouette* auf der Meyer Werft im niedersächsischen Papenburg gebaut; sie wurde am 21. Juli 2011 in Hamburg getauft. »Made in Germany«, zählt die *Celebrity Silhouette* zu den modernsten und energieeffizientesten Kreuzfahrtschiffen der Welt.

Daten & Fakten	
Indienststellung	2011
Länge (m)	315,00
Breite (m)	37,00
Vermessung (Tonnage, BRZ)	122.000
Tiefgang (m)	8,00
Passagierdecks	15
Antriebsleistung (Fahrmotor, kW)	41.000
Geschwindigkeit, max. (Knoten)	24
Passagiere	2850
Restaurants/Bars	10/15
Besatzungsstärke (ca.)	1250

Celebrity Silhouette

Celebrity Reflection

Als fünfter und vorerst letzter Neubau der Solstice-Klasse auf der Meyer Werft soll die *Celebrity Reflection* im Herbst 2012 in See stechen. Statt 15 wird sie als einziges Schiff ihrer Klasse 16 Decks und dadurch Platz für 72 weitere Kabinen haben. Verglichen mit ihren »Schwestern« bieten auch die Restaurants zusätzliche Sitzplätze. Größer konzipiert sind auch das Pooldeck und das Theater. Durch die Vergrößerung erreicht die *Celebrity Reflection* eine Tonnage von 126.000 BRZ und kann in 1515 Kabinen 3030 Passagiere befördern. Ihre Länge und Breite bleibt identisch zu den Schwesterschiffen, nur der Tiefgang nimmt um 20 Zentimeter auf 8,20 Meter zu. Zwei Dieselmotoren leisten insgesamt 62.400 kW und ermöglichen eine Geschwindigkeit von 24 Knoten.

Bordsprachen: Deutsch, Norwegisch, Englisch.

Anfang Juli 2012. Celebrity Reflection im Trockendock der Meyer Werft, Papenburg. Sofern sie planmäßig am 11. August ausgedockt und Mitte September überführt werden kann, soll sie am 12. Oktober 2012 zur Jungfernfahrt auslaufen. (Foto: Michael Wessels / MEYER WERFT GmbH)

Classic International Cruises

Classic International Cruises (CIC) ist eine britisch-australische Reederei. An der Spitze des Unternehmens stand George P. Potamianos (verstorben: 29. Mai 2012 in Lissabon). Der gebürtige Grieche ließ klassische Kreuzfahrtschiffe renovieren. Seine Zielgruppe waren Nostalgiker und Menschen, die traditionelle Kreuzfahrten lieben und sich an Bord moderner »Spaßschiffe« nicht wohlfühlen.

MS Athena, Pool

MS Athena

Ältestes Schiff der CIC-Flotte ist die *MS Athena*. In Schweden als *Stockholm* gebaut, erlangte sie traurige Berühmtheit durch die Kollision mit der italienischen *Andrea Doria* (25. Juli 1956). 1960 vom Gewerkschaftsbund der DDR gekauft, stach sie als Ferienschiff *Völkerfreundschaft* in See, gelangte schließlich in norwegischen und italienischen Besitz, bis sie 2004 von George P. Potamianos erworben, von Grund auf renoviert und 2005 nach Athena, der griechischen Göttin der Weisheit, benannt wurde. Verglichen mit vielen modernen Spaßschiffen ist die *Athena* ein Raumwunder. Herausragende Pluspunkte sind aber nicht nur ihre geräumigen Bäder (mit Badewanne!), sondern auch die großzügigen Gesellschaftsräume und der Poolbereich, Kasino, Fitness- und Spa-Center, Leseraum und Bibliothek – kurzum alles, was eine klassische Kreuzfahrt so außergewöhnlich macht.

Bordsprachen: Deutsch, Englisch
Kontakt für zusätzliche Informationen:
Hansa Touristik Stuttgart,
Tel. (0711) 22 93 16 90;
www.hansatouristik.de

Daten & Fakten	
Indienststellung	1948
Letzte Renovierung	2004
Länge (m)	160,00
Breite (m)	21,00
Vermessung (Tonnage, BRZ)	16.144
Tiefgang (m)	7,60
Passagierdecks	8
Antriebsleistung (kW)	15.000
Geschwindigkeit, max. (Knoten)	17
Passagiere	550
Passagierkabinen	278
Restaurants/Bars	2/2
Besatzungsstärke	200

MS Athena. Am Schornstein das Segelschiff-Logo der Classic International Cruises

Color Line
Color Fantasy

Als im Oktober 1990 die norwegischen Jahre Line und Norway Line fusionierten, entstand mit der Color Line eine der größten Fährschiffreedereien Europas. Color Line bedient auf vier Routen nicht nur mehr als ein halbes Dutzend Häfen, sondern vermittelt auf der rund zwanzigstündigen Fahrt zwischen Kiel und Oslo an Bord ihrer *Color Fantasy* und *Color Magic* sogar – fast – echtes Kreuzfahrt-Feeling. Im Wesentlichen baugleich, gelten die beiden als die weltgrößten Kreuzfahrtschiffe mit Autodeck. Die beiden Fahrzeugdecks haben eine Kapazität von rund 750 Pkws und bieten auf zehn Passagierdecks fast 3000 Gästen Platz. An Bord sind nicht nur Auto- und Motorradreisende, sondern in zunehmender Zahl auch »Fußgänger«, die auf dieser Fährverbindung einen Hauch von Kreuzfahrtflair suchen. Die über mehrere Decks reichende Shopping- und Flaniermeile bietet alles was das Herz begehrt – für die ganze Familie und für jeden Geschmack. Das kulinarische Niveau reicht vom exquisiten Gourmet- und À-la-carte-Restaurant über das Grand Buffet bis zur Tapas, Sports und Burger Bar. Auf die Aktiven warten Color SPA & Fitness Center, Aqualand, Show Lounge und Casino.

Kontakt für zusätzliche Informationen:
Color Line Kiel,
Tel. (0431) 7300–0;
www.colorline.de

Color Fantasy, Shopping-Arkade

Color Fantasy, Restaurant Oceanic à la carte

Daten & Fakten	
Indienststellung	2004
Länge (m)	224,00
Breite (m)	35,00
Vermessung (Tonnage, BRZ)	74.500
Tiefgang (m)	6,80
Passagierdecks	10
Antriebsleistung (Fahrmotor, kW)	31.200
Geschwindigkeit, max. (Knoten)	22
Passagiere	2700
Passagierkabinen	966
Restaurants/Bars	8/10
Besatzungsstärke (ca.)	250

Color Fantasy auf See

Costa Crociere

1854 von Giacomo Costa gegründet, gilt Costa Crociere mit Sitz in Genua (Italien) als Europas führende Kreuzfahrtreederei. Obwohl sie seit 2003 in der Hand der Carnival Corporation ist, überwiegt an Bord das farbenfrohe italienische Design.

Seit der Taufe der *Costa Fascinosa* am 6. Mai 2012 umfasst Costas Flotte vierzehn Schiffe.

Nicht nur wegen einer Expansion der Passagierkapazitäten, sondern weil an Bord auch immer größere Unterhaltungseinrichtungen installiert werden müssen, werden die neu gebauten Schiffe immer gewaltiger.

Speziell die Neubauten seit 2000 sind auf den Massentourismus ausgerichtet und bieten in ungezwungener Atmosphäre umfangreiche Unterhaltungs-, Sport- und Wellnessangebote. Dabei präsentiert sich jedes Schiff mit einem individuellen Thema und besonderen Stilelementen. Alle fahren unter italienischer Flagge und bieten eine Mischung aus italienischer Lebensart, exzellenter Unterhaltung und – trotz Passagierkapazitäten von rund 3000 Gästen – sogar Erholung. Naturgemäß bilden Italiener das Stammpublikum, aber auch der Anteil deutschsprachiger Gäste ist hoch. Bordansagen erfolgen meist auch in deutscher Sprache. In der Sommer- und Ferienzeit befinden sich sehr viele Familien mit Kindern an Bord.

Das begrenzte Platzangebot dieses Typenkompass' verhindert eine detaillierte Darstellung der gesamten Costa-Flotte.

Kontakt für zusätzliche Informationen:
Costa Kreuzfahrten Hamburg,
Tel. (040) 570 12 13 14;
www.costakreuzfahrten.de

Der charakteristische gelbe Schornstein der Costa-Schiffe mit dem Markenzeichen »C«; Sportdeck der Costa Deliziosa

Costa neoRomantica

Bereits im November 1992 als *Costa Romantica* vom Stapel gelaufen, wurde dieser Oldtimer von Oktober 2011 bis Februar 2012 einer grundlegenden Renovierung unterzogen und um zwei Halbdecks erweitert. Mit zahlreichen neu- beziehungsweise umgestalteten Bereichen führt der Cruise Liner als sichtbares Zeichen seiner »Verjüngungskur« nun den Namen *neoRomantica* und gilt als eines der attraktivsten Mitglieder der Costa-Flotte. Am 2. Juni 2012 verließ die *Costa neoRomantica* ihren neuen Basishafen Hamburg zur Jungfernfahrt.
Zielgruppe der komfortabel und luxuriös ausgestatteten *Costa neoRomantica* sind in erster Linie anspruchsvolle Paare. Ihr Name steht für absolut exklusiven Urlaub in einzigartiger Atmosphäre: modernes und raffiniertes Design, exquisite Gourmetküche und ein abwechslungsreiches Unterhaltungsprogramm. Ihre Kabinen, Suiten und Gran Suiten – noch großzügiger, noch heller und mit traumhaftem Meerblick – bieten Komfort auf höchstem Niveau. Als erstes Kreuzfahrtschiff weltweit verfügt die *Costa neoRomantica* in der Pizzeria Capri über einen traditionellen italieni-

Daten & Fakten	
Indienststellung	1993
Umbau	2011/12
Länge (m)	220,60
Breite (m)	30,80
Vermessung (Tonnage, BRZ)	57.150
Tiefgang (m)	8,00
Passagierdecks	10
Antriebsleistung (Fahrmotor, kW)	21.184
Geschwindigkeit, max. (Knoten)	20
Passagiere	1800
Passagierkabinen	789
Restaurants/Bars	4/5
Besatzungsstärke (ca.)	615

Costa neoRomantica

schen Holzofen, der stilechten Pizzagenuss garantiert. Hinzuweisen ist auch auf die Wine & Cheese Bar Enoteca Verona, die mit einer großen Auswahl hervorragender Weine und Käsesorten begeistert. Wellnessbegeisterte finden Erholung und Entspannung im 4400 m² Samsara Spa.

Costa neoRomantica, Lido-Bar Saint Tropez

Ristorante Samsara bietet gesunde Wohlfühlküche für den anspruchsvollen Geschmack

Costa Fascinosa

Nur zwei Monate nach der Auslieferung der *Costa neoRomantica* feierte das neue Costa-Flaggschiff – *Costa Fascinosa* – sein Debüt. Die glamouröse Taufzeremonie wurde am 5. Mai 2012 in Savona gefeiert. Sie war der krönende Abschluss der Jungfernfahrt, zu der dieser Cruise Liner am 2. Mai 2012 in Venedig ausgelaufen war.

Abgeleitet von »fascinoso« (italienisch für »bezaubernd«) hätte Costa Crociere kaum einen treffenderen Namen für dieses Schiff wählen können. Gebaut auf der venezianischen Werft Fincantieri in Marghera, hat Costa Crociere insgesamt 510 Millionen Euro in diesen Neubau investiert.

Gestaltet von dem Architekten Joseph Farcus, ist das Ambiente von der Atmosphäre der klassischen Kino- und Opernwelt und berühmten Stars inspiriert. Beispielsweise ist das Aft Lido dem Klassiker »Vom Winde verweht« gewidmet. Eintausend Quadratmeter groß, bieten die hoch angelegten Whirlpools einen herrlichen Blick auf die See. Im Playground-Bereich ist das 4D-Kino Nuovomondo bei Erwachsenen und Kindern gleichermaßen beliebt. Als modernstes Schiff der Costa-Flotte ist die *Costa Fascinosa* ein schwimmender Internet-Point mit Breitbandnetz von Bug bis Heck – garantiert optimale Verbindungen für Laptops, Tablets und Mobiltelefone.

Costa Fascinosa in Venedig

Atemberaubende Shows bietet das über drei Decks reichende Theater Bel Ami und das Kasino ein Las-Vegas-Feeling. Das Speise- und Weinangebot ist ein Hochgenuss. Faszinierend ist die Sammlung zeitgenössischer Künstler, und mit dem Samsara Spa bietet die *Costa Fascinosa* einen der größten (mehr als 6000 Quadratmeter!) Wellnessbereiche, die jemals auf einem Kreuzfahrtschiff gebaut wurden.

Daten & Fakten	
Indienststellung	2012
Länge (m)	290,20
Breite (m)	35,50
Vermessung (Tonnage, BRZ)	114.500
Passagierdecks	13
Antriebsleistung (Fahrmotor, kW)	42.000
Geschwindigkeit, max. (Knoten)	21,5
Passagiere	3800
Passagierkabinen	1508
Restaurants/Bars	5/13
Besatzungsstärke (ca.)	1110

Der Aqua Park an Bord der Costa Magica. Mit ihren 13 Passagierdecks für rund 2700 Gäste wurde die Costa Magica 2004 in Dienst gestellt und 2007 renoviert.

Costa Favolosa, die 2011 in Dienst gestellte, »fast« baugleiche »Schwester« der Costa Fascinosa

Crystal Cruises

Crystal Cruises ist eine »Tochter« der japanischen Nippon Yusen Kaisha (NYK), einer der größten Reedereien der Welt. Schwerpunkt des Unternehmens ist die Containerschifffahrt. Unter ihrer Flotte (750 Schiffe!) befinden sich nur zwei Cruise Liner: die *Crystal Symphony* (Indienststellung 1995, letzte Renovierung 2009) sowie die 2003 in Dienst gestellte und 2011 renovierte *Crystal Serenity*. Speziell das jüngste Schiff bietet wahren Kreuzfahrtluxus und erfüllt die Ansprüche seines internationalen Publikums durch erstklassige Gastronomie, großzügige Unterkunft und hervorragenden Service. Häufiger als jede andere Kreuzfahrtreederei wurde Crystal Cruises von den Lesern der Reisemagazine Condé Nast Traveler und Travel + Leisure als weltbeste Gesellschaft bewertet.

Kontakte für zusätzliche Informationen:
AVIATION & TOURISM International Alzenau,
Tel. (06023) 91 71 50; www.atiworld.de;
Vista Travel Hamburg,
Tel. (040) 30 97 98 40; www.vistatravel.de

Crystal Serenity

Die *Crystal Serenity* begeistert nicht nur durch ihr bemerkenswertes Passagier-Raum-Verhältnis, sondern auch durch großzügige Fitness-Einrichtungen. Dass sie über ein riesiges Pooldeck, Theater, Kino und einen Computerraum verfügt, müsste eigentlich nicht eigens erwähnt werden. Dank ihrer moderaten Größe können *Crystal Symphony* und *Crystal Serenity* in Gewässern

Crystal Serenity in der Antarktis

kreuzen und Häfen anlaufen, die den neuen Giganten der Meere verschlossen sind.
Bordsprache: Englisch, aber viele Crewmitglieder stammen aus Deutschland oder Österreich.

Daten & Fakten	
Indienststellung	2003
Länge (m)	250,00
Breite (m)	32,20
Vermessung (Tonnage, BRZ)	68.870
Tiefgang	7,60
Passagierdecks	9
Geschwindigkeit, max. (Knoten)	22
Passagiere	1080
Passagierkabinen	535
Restaurants/Bars	3/7
Besatzungsstärke	655

Crystal Serenity, Tea Time im Palm Court

Penthouse mit Veranda

Cunard Line

Stilvoll und elegant steht der Name Cunard Line seit über 170 Jahren für Seereisen der Spitzenklasse! Heute tragen die drei »Königinnen der Meere« – *Queen Mary 2, Queen Victoria, Queen Elizabeth* – diese Traditionsmarke rund um den Globus. An Bord vermitteln großzügige, geschmackvoll-modern eingerichtete Kabinen und Suiten verbunden mit modernster Technik, exzellentem Service, einzigartigen kulinarischen Köstlichkeiten und spektakulären Bühnenshows das einzigartige Cunard-Flair – eine unvergleichliche Mischung aus Tradition und Moderne. Ob auf Transatlantikpassagen oder klassischen Kreuzfahrten, stets bieten Cunards »Ocean Liner des 21. Jahrhunderts« komfortable, luxuriöse und exklusive Seereisen auf traditionell britische Art.

An den formellen Abenden fordert die Kleiderordnung für den Herrn Smoking oder dunklen Anzug, für die Dame Abendkleid oder »Vergleichbares«, und wenn Gentlemen Hosts alleinreisende Damen zum Tanz auffordern oder nachmittags Stewards mit weißen Handschuhen den Afternoon-Tea reichen, scheint die Zeit der legendären Seereisen zurückgekehrt …

Flagge: Bermuda. Bordsprache: Englisch. Deutschsprachige Serviceleistungen: Bordnachrichten, Bücher, Hostess, Menükarten, Tagesprogramme.

Kontakt für zusätzliche Informationen:

Cunard Line Hamburg,

Tel. 00800 180 84 180; www.cunard.de

5. Juni 2012: Mit einem Dreieranlauf ihrer Queens im Heimathafen Southampton gratulierte Cunard Line Königin Elizabeth II zum diamantenen Thronjubiläum. Im Hintergrund Queen Mary 2

Queen Mary 2
CUNARD

Queen Mary 2

Queen Mary 2 – imposant und elegant! Wo immer sie erscheint, verzaubert diese Ikone der modernen Kreuzfahrt mit ihrer majestätisch-klassischen formvollendeten Erscheinung und dem dumpfen Ton ihres Nebelhorns die Menschen und erobert die Herzen der Schiffsliebhaber. Mit 72 Metern ist die *Queen Mary 2* höher als die Freiheitsstatue und länger als vier Jumbo Jets. Ihre elektrische Anlage könnte Strom für eine Stadt mit 200.000 Einwohnern liefern.
Dank der majestätischen Grand Lobby, dem großzügigen Ambiente und der geschmackvollen Ausstattung fühlen sich ihre Gäste in das Goldene Zeitalter der Seereisen zurückversetzt.

Daten & Fakten	
Indienststellung	2004
Länge (m)	345,00
Breite (m)	41,00
Höhe Kiel zu Schornstein (m)	72,00
Vermessung (Tonnage, BRZ)	151.400
Tiefgang (m)	10,00
Passagierdecks	12
Geschwindigkeit, max. (Knoten)	30
Passagiere	2592
Passagierkabinen	1296
Restaurants/Bars & Lounges	12/15
Besatzungsstärke (ca.)	1254

Queen Mary 2 passiert Golden Gate, San Francisco (Kalifornien, USA)

Auf zwölf Passagierdecks garantieren mehr als 100 Attraktionen anspruchsvolle Unterhaltung – von der Bibliothek (Bestand rund 8000 Bücher!) mit herrlichen Panoramafenstern und einladend-gemütlichen Sitzgelegenheiten über den großartigen Canyon Ranch SpaClub, das vorbildlich ausgestattete Fitness-Center bis zum Illuminations – dem einzigen Planetarium auf See. Abends spielt das Orchester im Queens Room zum Tanz, während das Royal Court Theatre spektakulären Shows bietet und Bars und Lounges zum geselligen Verweilen einladen.

Die Weinkarte bietet mehr als 340 verschiedene Weinmarken. Jährlich konsumieren die Gäste 230.000 Flaschen Wein, essen rund 7000 Kisten Erdbeeren und nutzen rund 540.000 Zahnstocher ...

Bei Joggern und Walkern gleichermaßen beliebt: Deck 7 Outdoor Promenade (Foto: Karl-Henner Wilhelm)

Das eindrucksvolle Stufenheck

Queen Victoria

Kaum war *Queen Mary 2* so richtig in Fahrt, als Cunard Line die Werft Fincantieri – Cantieri Navali Italiani S.p.A. in Marghera (bei Venedig) mit dem Bau einer zweiten »Königin« beauftragte. Es entstand die *Queen Victoria,* die – am 10. Dezember 2007 getauft – am folgenden Tag zur Jungfernfahrt auslief. Schlank und mit spitzem Bug ist sie eine Reminiszenz an die legendären Cunarder aus dem goldenen Zeitalter der klassischen Kreuzfahrten. Mit ihrem modern interpretierten pompösen Interieur im Stil der großartigen Liner des 20. Jahrhundert bietet die *Queen Victoria* Reisen mit wahrhaft königlichem Flair: stilvoll, dynamisch, modern. Eine Oase der Ruhe auf diesem Schiff ist die einzigartige zweistöckige Bibliothek (Bestand rund 6000 Bücher) mit Holzvertäfelung und einer wunderschönen Wendeltreppe.

Daten & Fakten	
Indienststellung	2007
Länge (m)	294,00
Breite (m)	32,00
Höhe Kiel zu Schornstein (m)	62,00
Vermessung (Tonnage, BRZ)	90.000
Tiefgang (m)	8,00
Passagierdecks	12
Geschwindigkeit, max. (Knoten)	23,7
Passagiere	1990
Passagierkabinen	995
Restaurants/Bars	7/10
Besatzungsstärke	980

Queen Victoria

Queen Elizabeth

Als jüngster Cunarder wurde die *Queen Elizabeth* als drittes Schiff mit königlichem Namen am 11. Oktober 2010 von der britischen Königin getauft. Mit mitternachtsblauem Rumpf, schneeweißen Aufbauten, rotem Schornstein und spitzem Bug eine würdige Vertreterin der Cunard Line, ist ihr Inneres geprägt von der Eleganz der 1930er Jahre. Selbstverständlich bietet auch die *Queen Victoria* luxuriösen Komfort, hervorragende Gastronomie und hochklassiges Entertainment. Marmor, poliertes Holz, schillerndes Perlmutt, schwere Teppiche und weiche Stoffe prägen das Ambiente der Grand Lobby und viele andere Bereiche. In der Royal Arcade reiht sich Boutique an Boutique, das Royal Court Theatre bietet

Queen Elizabeth

erstklassige Shows, und zur Entspannung laden Royal Spa und Pavillon Pool. Zu Rasenspielen lädt der Country Garden auf dem Achterdeck, während man im Yacht Club mit 270-Grad-Rundumsicht in die Nacht hinein tanzen kann …

Die Daten und Fakten sind identisch mit der jüngeren *Queen Victoria*. Lediglich bei den Kabinen und den öffentlichen Bereichen gibt es Unterschiede:

Daten & Fakten	
Passagiere	2068
Passagierkabinen	1034
Restaurants/Bars	7/10

Deilmann Reederei
MS Deutschland

Es gibt wohl kein deutsches Wohnzimmer, in dem die *Deutschland* als »Traumschiff« noch nicht »vor Anker« gegangen ist. Nach *Vistafjord, Astor* und *Berlin* dient sie seit 1999 als »Kulisse« der erstmals 1981 ausgestrahlten TV-Serie »Das Traumschiff«. Seit 2010 liegt die *Deutschland* zu 95 Prozent im Unternehmensportfolio der Industrieholding Aurelius AG und führt seit 2011 eine neue Schornsteinmarke.

Klein und fein, ist die *Deutschland* zweifellos ein »Grand Hotel auf See«. Nicht nur ihre Gäste, sondern auch die Fachpresse bestätigten ihr immer wieder eine geglückte Verbindung von höchstem Luxus und Herzenswärme, Exklusivität und persönlichem Service. Ihre Gäste schätzen die behagliche, durch stilvolles, an die 1920er und 1930er Jahre erinnerndes Interieur geprägte Atmosphäre. Nicht zu vergessen die kulinarischen Genüsse: Die Restaurants Berlin und Vier Jahreszeiten erhielten höchste Bewertungen vom Gault Millau und Service-Qualität, Küche, Wellness-Angebot und Bord-Entertainment wurden von Testern der American Academy of Hospitality Sciences ebenfalls hoch bewertet. »Made in Germany« entspricht die Technik der *Deutschland* modernsten Standards und ihre Sicherheitseinrichtungen den neusten Vorschriften. Wie bereits in Sydney 2000 diente die *Deutschland* auch bei den Olympischen Spielen in London als offizielles »Deutsches Schiff London 2012« und als Bühne für zahlreiche Veranstaltungen rund um die deutschen Olympioniken.

Bordsprache: Deutsch

Kontakt für zusätzliche Informationen:

Reederei Peter Deilmann GmbH
Neustadt in Holstein,
Tel. (04 561) 396–0;
www.msdeutschland.de

MS Deutschland

Zum Alten Fritz, hier werden auch Schmalzstullen serviert.

Daten & Fakten	
Indienststellung	1998
Renovierung	2008
Länge (m)	175,00
Breite (m)	23,00
Vermessung (Tonnage, BRZ)	22.400
Tiefgang (m)	5,80
Passagierdecks	8
Antriebsleistung (kW)	12.320
Geschwindigkeit, max. (Knoten)	20
Passagiere	520
Passagierkabinen	294
Restaurants/Bars	3/5
Besatzungsstärke	280

Disney Cruise Line
Disney Fantasy

Die *Fantasy* ist jüngstes Mitglied der Disney »Traumschiff«-Flotte, ihr Aushängeschild und Flaggschiff. Wie ihre älteren »Schwestern« *Magic* und *Wonder* wurde sie primär als Funship für Familien mit Kindern konzipiert. Disneys Figuren sind allgegenwärtig und lassen Kinder und jung gebliebene Erwachsene träumen und staunen.

Wie zuvor die *Dream*, wurde auch die *Fantasy* bei der Meyer Werft in Papenburg gebaut. Durch die ideale Kombination des eleganten Charmes der Kreuzfahrtschiffe des frühen 20. Jahrhunderts mit modernem Design entstand eines der modernsten und außergewöhnlichsten Kreuzfahrtschiffe.

Fantasy bietet zahlreiche Freizeitmöglichkeiten, tolle und luxuriöse Kabinen, Restaurants mit außergewöhnlichem Ambiente. Viele Innovationen wurden von der 2011 in Dienst gestellten *Dream* übernommen, beispielsweise die über 230 Meter lange, über vier Decks führende Wasserrutsche AquaDuck auf dem fantasievoll gestalteten Wasserspielplatz AquaLab. Innenkabinen besitzen ein virtuelles Bullauge mit hochauflösendem Echtzeit-Meerblick.

Vermutlich wird die *Fantasy* nur in amerikanischen Gewässern, vor den Bahamas und in der Karibik kreuzen.

Bordsprache: Englisch.

Kontakt für zusätzliche Informationen:
DER Tour (e-hoi) Frankfurt am Main,
Tel. (069) 204 56–700;
www.e-hoi.de

Meyer Werft, Papenburg. 8. Januar 2012: Spektakuläres Ausdocken der Disney Fantasy aus dem weltgrößten überdachten Baudock

AquaLab, der lustige Wasserspielplatz

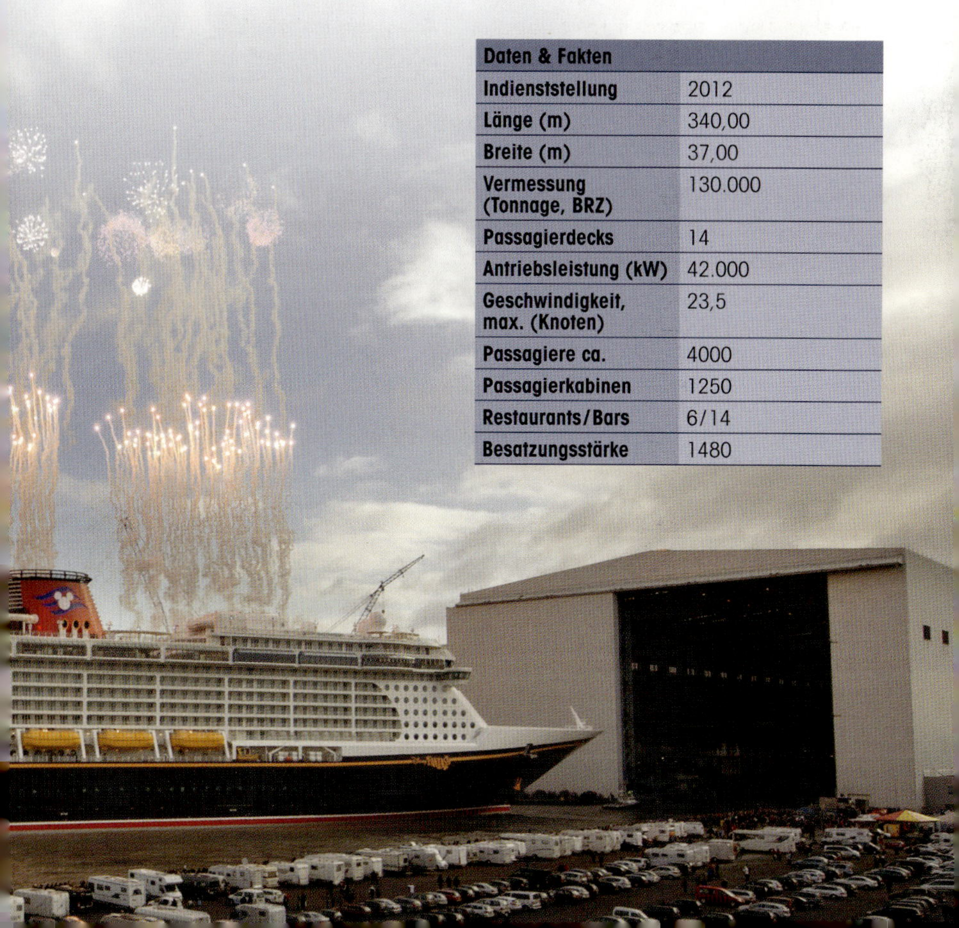

Daten & Fakten	
Indienststellung	2012
Länge (m)	340,00
Breite (m)	37,00
Vermessung (Tonnage, BRZ)	130.000
Passagierdecks	14
Antriebsleistung (kW)	42.000
Geschwindigkeit, max. (Knoten)	23,5
Passagiere ca.	4000
Passagierkabinen	1250
Restaurants/Bars	6/14
Besatzungsstärke	1480

FTI Touristik
FTI Berlin

Im Frühjahr 2012 erschien eine beliebte alte Bekannte wieder auf dem deutschen Kreuzfahrtmarkt. Im Sommer des Vorjahres von der Münchner FTI Touristik GmbH erworben, befährt das ehemalige ZDF-Traumschiff *MS Berlin* nun unter der Regie von FTI Cruises als *FTI Berlin* unter deutscher Flagge wieder die Meere. Weltentdeckern bietet das kleine Schiff – auch dank seiner Expeditionsschlauchboote – Zugang zu Destinationen, die den modernen Riesen der Konkurrenz verschlossen bleiben. Exquisite Gastronomie bieten sowohl Haupt- als auch Buffetrestaurant bei nur einer abendlichen Essenssitzung mit ungezwungener freier Platzwahl. Weitläufige Deckflächen laden ebenso zum Entspannen ein wie die wohlsortierte riesige Bibliothek, Innenpool und Fitness-Center. Das Sonnendeck der alten *MS Berlin* ließ der neue Eigner in ein Open-Air-Kino und Biergarten verwandeln. Wie der Dresscode »Freestyle elegant« verrät, verläuft das Leben an Bord locker und leger, familiär und dennoch weltoffen. Die Bordsprache ist Deutsch mit – wie FTI Cruises betont – internationalem Hintergrund.

Kontakt für zusätzliche Informationen:
FTI Touristik GmbH,
Tel. (0361) 518 03 43 00;
www.fti-cruises.com

FTI Berlin: Seit Frühjahr 2012 befährt das altbekannte »Traumschiff« wieder die Meere

Ein Höhepunkt jeder Mittelmeerkreuzfahrt: Der Kanal von Korinth

Daten & Fakten	
Indienststellung	1980
Letzte Renovierung	2011
Länge (m)	139,00
Breite (m)	17,50
Vermessung (Tonnage, BRZ)	9.570
Passagierdecks	6
Antriebsleistung (kW)	7.060
Geschwindigkeit, max. (Knoten)	18
Passagiere	456
Passagierkabinen	212
Restaurants/Bars	2/4
Besatzungsstärke	180

Holland America Line

Obschon die Holland America Line (HAL) seit 1989 eine »Tochter« der Carnival Corporation ist, führen ihre Ocean Liner noch stolz die niederländische Flagge. 1873 in Rotterdam primär für transatlantische Liniendienste gegründet, hält die HAL bis auf den heutigen Tag an ihren niederländisch-europäischen Traditionen fest und gilt unbestritten als eine der weltweit führenden Kreuzfahrtgesellschaften. Eine echte Kreuzfahrt boten die Niederländer erstmals 1895 an.
Seit Mitte der 1970er Jahre ist die HAL eine reine Kreuzfahrtreederei und stellte 2010 mit der *Nieuw Amsterdam* ihren fünfzehnten Liner in Dienst.

Nieuw Amsterdam

Die *Nieuw Amsterdam* verbindet altbewährte klassische Kreuzfahrttradition mit innovativen Konzepten, wobei bei der Ausstattung des Schiffes besonderer Wert auf die traditionelle Verbundenheit mit New York (von Niederländern Anfang des 17. Jahrhunderts als Nieuw Amsterdam gegründet) gelegt wurde. Diese enge Beziehung zeigte sich auch bei der Taufe am 4. Juli 2010, dem amerikanischen Unabhängigkeitstag, durch die niederländische Prinzessin Maxima.
Größte Flexibilität bietet das kulinarische Konzept »As You Wish Dining«. So können die Gäste im Manhattan Dining Room zwischen festen und flexiblen Essenszeiten wählen. Zu den Höhepunkten der Bordgastronomie gehört der Pinnacle Grill, der – ansonsten auf Steak und Fisch spezialisiert – sich mindestens einmal wöchentlich in eine Kopie des berühmten New Yorker Restaurants Le Cirque verwandelt. Einzigartig in der Kreuzfahrtbranche ist HALs Culinary Art Center, eine moderne Vorführküche mit Kochdemonstrationen und großen Video-Leinwänden.

Nieuw Amsterdam in Venedig

Die traditionelle holländische Teestunde bietet Desserts, Kuchen, Tee und Kaffee, während die indonesische Tee-Zeremonie mit verschiedenen Tee-Varianten, indonesischen Süßigkeiten und exquisitem Gebäck glänzt.
Bordsprache: Englisch.

Kontakt für zusätzliche Informationen:
Holland America Line,
www.hollandamerica.de;
UC Unlimited Cruises Langen,
Tel. (06103) 706460; www.unlimited-cruises.de

Daten & Fakten	
Indienststellung	2010
Länge (m)	285,00
Breite (m)	32,00
Vermessung (Tonnage, BRZ)	86.274
Passagierdecks	10
Antriebsleistung (kW)	21.600
Geschwindigkeit, max. (Knoten)	24,5
Passagiere	2106
Passagierkabinen	1053
Restaurants/Bars	7/12
Besatzungsstärke	933

Hurtigruten ASA

Vielen gelten die Hurtigruten (Norwegisch: schnelle Routen) entlang der norwegischen Westküste als die schönsten Kreuzfahrten überhaupt. Hier bilden Berge, Wasserfälle, Gletscher, Fjorde, charmante Städtchen und Fischerorte atemberaubende Kulissen und wandeln jede Seereise zur Sehreise. Im Sommer verzaubert die Mitternachtssonne Mensch und Natur. Die Schiffe verkehren ganzjährig auf festen Routen und laufen mehr als 30 Häfen an.

1893 als Postlinie gegründet, befördern die Schiffe der Hurtigruten-Flotte neben Post und Fracht auch Passagiere. Die Atmosphäre an Bord ist entspannt und leger, die Ausstattung modern und geschmackvoll. Die Gerichte, am Tisch serviert oder als Buffet zugänglich, basieren auf der nordeuropäischen Küche.

Hurtigruten bedient aber nicht nur Norwegens Küstenorte, sondern bietet auch Expeditions-Seereisen in der Antarktis.

MS Midnatsol (dt.: Mitternachtssonne). Diese größere »Kollegin« der MS Fram verkehrt seit 2003 im Liniendienst entlang der norwegischen Küste. Auf sieben Decks befördert sie rund 1000 Passagiere.

MS Fram

Speziell für solche Expeditionen gemäß modernsten technischen Standards konstruiert und ausgerüstet, ist das jüngste Mitglied der Hurtigruten-Flotte: die *MS Fram,* benannt nach dem legendären Expeditionsschiff des norwegischen Entdeckers Fridtjof Nansen. Auch heute noch stellt die Antarktis höchste Anforderungen an Schiff und Besatzung. Wind, Wetter und Eis diktieren die Route, die der Kapitän erst während der Reise festlegt. Folglich ist jede Reise einzigartig und ein unvergessliches Erlebnis.

Neben geschmackvoll ausgestatteten Suiten und Mini-Suiten gibt es eine Auswahl von 2- bis 4-Bett-Kabinen (außen und innen). Ein großzügiger Panorama-Salon und weitläufige Deckflächen bieten herrliche Ausblicke auf Eisberge, Wale, Pinguine, Albatrosse und Sturmvögel.

Bordsprachen: Norwegisch, Deutsch, Englisch.

Kontakt für zusätzliche Informationen:

Hurtigruten Hamburg,
Tel. (040) 376930; www.hurtigruten.de

Daten & Fakten	
Indienststellung	2007
Länge (m)	110,00
Breite (m)	20,20
Vermessung (Tonnage, BRZ)	12.700
Tiefgang (m)	5,10
Passagierdecks	5
Geschwindigkeit, max. (Knoten)	13
Passagiere	318
Betten	318
Restaurants/Bars	1/1
Besatzungsstärke (ca.)	70

MS Fram in der Antarktis

MSC Crociere

Als »Kreuzfahrer« ist MSC Crociere eine Tochter der italienischen Mediterranean Shipping Company (MSC). MSC – mit rund 460 Schiffen weltweit zweitgrößtes Unternehmen der Containerschifffahrt – hält auch bei den Kreuzfahrtreedereien eine Spitzenposition. Am »Ruder« des Unternehmens stehen der ehemalige Kapitän Gianluigi Aponte und dessen Schwiegersohn P. Vago. Unter ihrer Führung entwickelte sich die Flotte der MSC Crociere zur jüngsten und am schnellsten wachsenden der Welt. Seit 2003 die *MSC Lirica* in Dienst gestellt wurde, folgten bis Mai 2012 zwei Um- und neun Neubauten – elf Schiffe in nur zehn Jahren! Als Jüngste befährt seit Mai 2012 die *MSC Divina* die Meere, und für März 2013 ist bereits die neue *MSC Preziosa* als Vierte der Fantasia-Klasse angekündigt.

Fantasia und Splendida. Die fast baugleichen Zwillingsschwestern der MSC Divina wurden 2008 beziehungsweise 2009 in Dienst gestellt. Im Frühjahr 2013 wird diese Klasse durch ein 4. Mitglied, die MSC Preziosa, verstärkt.

MSC Divina

Von G. Aponte seiner Freundin, der »göttlichen« Sophia Loren, gewidmet, entstand mit der *MS Divina* ein wahrhaft »göttliches« Schiff. Großzügig und hochmodern gestaltet, bietet sie üppigsten Komfort, eine riesige Auswahl an Sport- und Freizeitmöglichkeiten und Weltklasse-Entertainment: von der Piazza bis zum Theater in Broadway-Größe, von den hinreißend anmutigen Swarovski-Treppen und dem entspannend-ruhigen Infinity Pool bis hin zu den Aurea Spa Wellnesszentren, wo auf Wunsch individuelle Diätpläne, Gesundheits- und Fitnessprogramme erstellt werden. Hochwertige und authentische Gastronomie gilt bei MSC Crociere als unverzichtbarer Bestandteil einer jeden Kreuzfahrt. Außergewöhnlichen Luxus bietet der großzügig konzipierte MSC Yacht Club mit seinen Suiten, Butlern, eigener Lounge und reserviertem Pooldeck. Die *MSC Divina* ist nicht nur eine schwimmende Stadt, sondern ein exklusiver Urlaubsort!

Ankunft der MSC Divina in Marseille am 25. Mai 2012

Als drittes Schiff der Fantasia-Klasse wurde *MSC Divina* am 26. Mai 2012 im französischen Marseille getauft.
Bordsprachen: Italienisch, Englisch, Deutsch, Französisch.

Kontakt für zusätzliche Informationen:
MSC Kreuzfahrten GmbH München,
Tel. (089) 856366–0;
www.msc-kreuzfahrten.de

Daten & Fakten	
Indienststellung	2012
Länge (m)	333,30
Breite (m)	37,92
Höhe (m)	66,80
Vermessung (Tonnage, BRZ)	139.400
Tiefgang (m)	8,65
Passagierdecks	14
Antriebsleistung (kW)	40.000
Geschwindigkeit, max. (Knoten)	22,99
Passagiere	3502
Passagierkabinen	1751
Restaurants/Bars	6/13
Besatzungsstärke	1370

MSC Lirica. 2003 in Dienst gestellt, gehört sie inzwischen zu den Kleinen. Sie bietet gemütlichen Komfort in traditionell-elegantem Ambiente und verbindet gastfreundlichen Charme mit weltoffener Atmosphäre. Ideal für Familien und Erstkreuzfahrer. Vermessung 59 058 BRZ, 1560 Passagiere.

MSC Poesia vor der Skyline von Manhattan / New York, Mai 2007. Eine Eingangshalle mit Wasserfall, ein Zen-Garten in der Sushi Bar und ein wunderschönes Wellness-Zentrum, verbunden mit mediterranem Ambiente und eleganter Ausstattung, machen die MSC Poesia zu einem ganz besonderen Schiff. Vermessung 92.490 BRZ, 2550 Passagiere.

Oceania Cruises

Mit der Jungfernfahrt der *MS Riviera* feierte Oceania Cruises einen weiteren Höhepunkt der Firmengeschichte. Oceania Cruises, 2002 gegründet, ist ein Unternehmen der Prestige Cruise Holding und weltweit die einzige Reederei, die Kreuzfahrten im oberen Premium-Marktsegment anbietet. Hochwertige Gastronomie, Kabinen und Suiten mit einem nahezu einzigartigen Raumangebot, Routen mit ausgiebigen Liegezeiten sowie ein erstklassiges Preis-Leistungs-Verhältnis sind Markenzeichen der Flotte.
Beim Interieur vorherrschend sind dunkles Holz, italienischer Marmor, glänzender Granit, feinste Teppiche und weichstes Leder.

MS Riviera

MS Riviera ist das jüngste Mitglied der neuen Oceania-Klasse. Diese mittelgroße Klasse bietet unvergleichlichen Luxus, Komfort und persönlichen Service.
Bordsprache: Englisch.
Kontakt für zusätzliche Informationen:
Cruise Group GmbH Surberg,
Tel. (0861) 1 661 501; www.cruise-group.com

Daten & Fakten	
Indienststellung	2012
Länge (m)	238,00
Breite (m)	32,00
Vermessung (Tonnage, BRZ)	66.084
Tiefgang (m)	7,00
Passagierdecks	11
Geschwindigkeit, max. (Knoten)	20
Passagiere	1258
Passagierkabinen	629
Restaurants/Bars	9/7
Besatzungsstärke	800

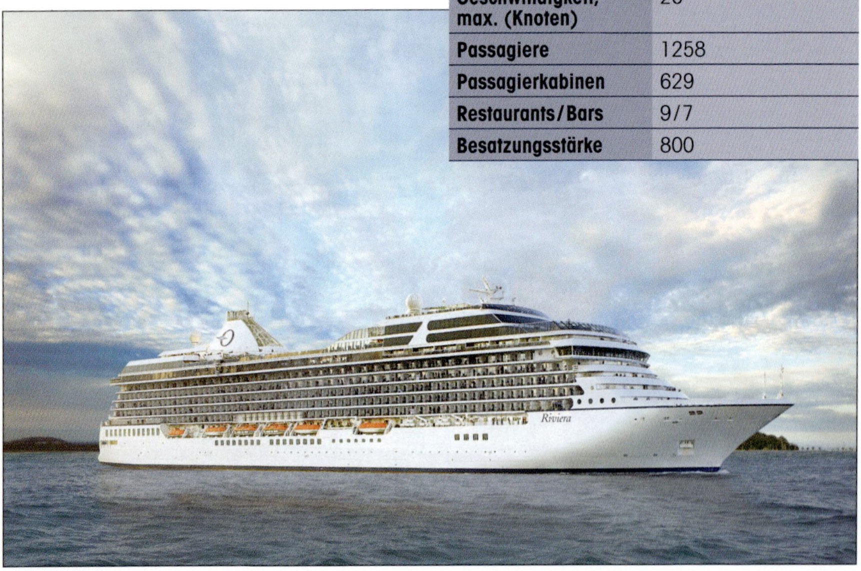

MS Riviera

PLANTOURS Kreuzfahrten
MS Hamburg

Seit dem 7. Juni 2012 befährt wieder eine *Hamburg* die Meere. Bereits 1996 vom Stapel gelaufen, hatte sie als *C. Columbus* und *Columbus* bereits 2006 eine Strecke zurückgelegt, die einer neunmaligen Erdumrundung entspricht. Das Bremer Unternehmen Plantours und Partner wählte mit der *Hamburg* bewusst keinen Megaliner, sondern ein klassisch-traditionelles Kreuzfahrtschiff: klein und fein, komfortabel und leger, individuell und gesellig, stilvoll und sportlich, weltoffen. Die Bordküche genügt höchsten Ansprüchen. Interieur und Ambiente erinnern an die große Zeit der Ocean Liner.

Dank ihrer »kleinen« Abmessungen und des geringen Tiefgangs kann die *Hamburg* Routen befahren und Häfen anlaufen, die modernen Rie-

Daten & Fakten	
Indienststellung	1997
Letzte Renovierung	2011/12
Länge (m)	144,00
Breite (m)	21,50
Vermessung (Tonnage, BRZ)	15.000
Tiefgang (m)	5,00
Passagierdecks	6
Antriebsleistung (kW)	10.560
Geschwindigkeit, max. (Knoten)	18,5
Passagiere	400
Passagierkabinen/Suiten	197/8
Restaurants/Bars	2/2
Besatzungsstärke	170

Die Hamburg in Hamburg

senschiffen versperrt bleiben und beispielsweise als weltweit einziger Ocean Liner bis auf die nordamerikanischen Großen Seen vorstoßen. Bordsprache: Deutsch.

Kontakt für zusätzliche Informationen:
PLANTOURS Kreuzfahrten Bremen,
Tel. (0421) 17369–0;
www.plantours-partner.de

Der Pool vor dem charakteristischen gelben Plantours-Schornstein

Ponant Yacht Kreuzfahrten

1988 gegründet, verkörpert die in Marseille beheimatete Compagnie du Ponant Frankreichs Schifffahrtstradition. Ihre extravagante Flotte umfasst ein Segelschiff und vier elegante Motoryachten. Die geringen Abmessungen der Schiffe erlauben Reisen zu entlegenen Regionen bis hin ins arktische Eis. Allen gemeinsam ist der noble französische Touch mit »stillem« Luxus, einem leger-eleganten Dresscode und einer Haute Cuisine, die mit den feinsten Restaurants konkurrieren kann.

L'Austral

Jüngstes Mitglied der Ponant-Flotte ist *L'Austral*. 2011 – ein Jahr nach ihrem Schwesterschiff *Le Boréal* – in Dienst gestellt, vermittelt ihre stylische äußere und innere Gestaltung eine geradezu familiäre Wohlfühlatmosphäre. Speziell für Polarregionen ausgerüstet, ist das Schiff für die Eisklasse 1C und folglich für Fahrten in eisbedeckten Gewässern mit einer Eisdicke von bis zu 40 Zentimetern zugelassen, was heißt, dass sie auch in den Extremregionen sicher fahren kann. Bordsprachen: Französisch, Englisch.

Kontakt für zusätzliche Informationen:
Ponant Yacht Kreuzfahrten Hamburg,
Tel. 0800 180 00 59; www.ponant.com

Daten & Fakten	
Indienststellung	2011
Länge (m)	142,10
Breite (m)	18,00
Vermessung (Tonnage, BRZ)	10.944
Tiefgang (m)	4,80
Passagierdecks	6
Antriebsleistung (kW)	4.600
Geschwindigkeit, max. (Knoten)	16
Passagiere	264
Passagierkabinen/Suiten	132
Restaurants/Bars	2/3
Besatzungsstärke	140

Die jüngsten und modernsten Yachten der Ponant-Flotte: Le Boréal und L'Austral (im Hintergrund)

Princess Cruises
Grand Princess

Die Princess Cruises mit Sitz im kalifornischen Santa Clarita ist seit 2003 eine Tochter der Carnival Corporation. Sie betreibt eine Flotte von 17 strahlend schönen »Prinzessinnen«, deren Ausstattung und Service in erster Linie auf US-amerikanische Gäste ausgerichtet sind; der Dresscode ist folglich meist leger. Für Frühjahr 2013 und 2014 ist die Indienststellung zweier Neubauten geplant: Vermessung rund 141.000 BRZ, Passagierkapazität rund 3600 Gäste.

Weltberühmt wurde Princess Cruises nicht zuletzt durch die Fernsehserie »Love Boat«. Von 1977 bis Mitte der 1980er Jahre gesendet, diente damals ein Schiff der Reederei als Kulisse. Auf Eleuthera (Bahamas) betreibt Princess Cruises ein spektakuläres, 16 Hektar großes Ferienparadies: Princess Cays.
Bordsprache: Englisch.

Kontakt für zusätzliche Informationen:
Princess Cruises München,
Tel. (089) 51 703 450; www.princesscruises.de

Emerald Princess, 2007 in Dienst gestellt (3070 Passagiere, 290 m Länge, 113.000 Bruttotonnen)

Grand Princess auf See. Als sie 1998 in Dienst gestellt wurde, war sie das größte Kreuzfahrtschiff der Welt. Bei einer Renovierung 2011 wurde primär der Heckbereich neu gestaltet.

Daten & Fakten	
Indienststellung	1998
Renovierung	2011
Länge (m)	290,00
Breite (m)	48,50
Höhe (m)	61,30
Vermessung (Tonnage, BRZ)	109.000
Tiefgang (m)	7,90
Antriebsleistung (kW)	42.000
Geschwindigkeit, max. (Knoten)	24
Passagierdecks	18
Passagiere	2600
Passagierkabinen/Suiten	1300
Restaurants/Bars	7/12
Besatzungsstärke	1100

Regent Seven Seas Cruises
Seven Seas Voyager

Bis Ende 2007 war Regent Seven Seas Cruises (gegründet 1990) ein Tochterunternehmen der Carlson Companies, eines der größten in privater Hand befindlichen US-Unternehmen. Von Carlson an die Beteiligungsgesellschaft Apollo Management verkauft, dirigiert Regent Seven Seas Cruises vom Firmensitz in Miami (Florida, USA) drei Schiffe. Kleinstes ist die 1999 in Dienst gestellte *Seven Seas Navigator* (Suiten für insgesamt 490 Passagiere). Die 2001 in Dienst gestellte *Seven Seas Mariner* und die jüngste, 2003 in Dienst gestellte *Seven Seas Voyager* bieten jeweils Suiten für 700 Passagiere. *Voyager* und *Mariner* gelten als die ersten komplett mit Balkon-Suiten ausgestatteten Kreuzfahrtschiffe; beide wurden im Januar 2009 renoviert. Alle drei Schiffe kreuzen weltweit und sind berühmt für ihre außerordentlich luxuriöse Ausstattung und eine Geräumigkeit, wie sie nur wenige Kreuzfahrtschiffe bieten. So besitzt jede Suite (alle

Seven Seas Voyager, Tahiti

mit Meerblick und Balkon und 33–130 m² groß) beispielsweise ein großes Marmor-Badezimmer mit Wanne und separater Dusche, einen begehbaren Kleiderschrank, ein europäisches Kingsize-Bett, separate Sitzecken, interaktives TV usw. Der Service gilt als exzellent. Das leibliche Wohl beruht auf der »all inclusive«-Philosophie. Regent Seven Seas Cruises garantiert stilvollen Luxus auf allen sieben Meeren gemäß dem Konzept »luxury goes exploring«. Bordsprache: Englisch.

Kontakte für zusätzliche Informationen:
AVIATION & TOURISM International Alzenau,
Tel. (06023) 9171–50; www.atiworld.de;
Vista Travel Hamburg,
Tel. (040) 30 97 98 40; www.vistatravel.de

Daten & Fakten	
Indienststellung	2003
Renovierung	2009
Länge (m)	204,00
Breite (m)	28,80
Tiefgang (m)	7,00
Vermessung (Tonnage, BRZ)	46.000
Geschwindigkeit, max. (Knoten)	20
Passagierdecks	9
Passagiere	700
Passagierkabinen/Suiten	353
Restaurants/Bars	4/4
Besatzungsstärke	447

Seven Seas Voyager, Restaurant Compass Rose

Royal Caribbean Cruises

Dieses US-amerikanisch-norwegische Unternehmen ist die zweitgrößte Kreuzfahrtreederei weltweit und in fünf »Töchter« gegliedert: Azamara Club Cruises, CDF Croisières de France, Celebrity Cruises, Pullman Cruises, Royal Caribbean International. Darüber hinaus hält Royal Caribbean Cruises Ltd. 50 Prozent der Anteile von TUI Cruises.

1968 von norwegischen Reedereien als eigenständiges Unternehmen gegründet, setzt Royal Caribbean International (RCI) seit Anfang der 1980er Jahre immer wieder neue Maßstäbe mit immer größeren Cruise Linern. Inzwischen kreuzen 22 Schiffe von sechs Schiffsgenerationen für RCI auf den Weltmeeren. Ihre größten sind die *Liberty, Independence, Oasis* und *Allure* (alle mit dem Zusatz »of the Seas«) der Freedom- beziehungsweise Oasis-Klasse.

Nicht nur riesengroß, sondern auch innovativ und komfortabel gestaltet, bieten diese unglaublichen Schiffe ihren Gästen revolutionäre Neuerungen und Aktivitäten in bisher ungeahnten Dimensionen: vom interaktiven Wasserpark über Surfen auf echten Wellen auf dem FlowRider, Kletterwand, Eislaufbahn, 25 m hohe Seilrutsche, begrünte Freiflächen bis zu Boutiquen, Cafés und riesigen Fitness-Centers usw. – unvergleichliche Bordeinrichtungen auf unglaublichen Schiffen!

Oasis of the Seas, die 25 Meter hohe Seilrutsche

Liberty of the Seas

Liberty of the Seas

All diese »schwimmenden Urlaubsorte« darzustellen verbietet der begrenzte Umfang dieses Typenkompass'. Da die *Liberty of the Seas* wie ihre »Schwestern« der Freedom- und Oasis-Klasse nicht nur in der Karibik, sondern seit 2011 auf absehbare Zeit jährlich auch einige Monate im Mittelmeer kreuzen soll, wird sie detaillierter behandelt. Gemeinsam mit ihren »Schwestern« *Freedom* und *Independence* (2006 bzw. 2008 in Dienst gestellt, brach sie (2007 in Dienst gestellt) bis zum Erscheinen der *Oasis* (2009) und *Allure* (2010) alle Rekorde.
Bordsprache: Englisch.

Kontakt für zusätzliche Informationen:
Royal Caribbean Cruises Ltd. Frankfurt/Main, Tel. (069) 92 00 71–0; www.royalcaribbean.de

Daten & Fakten	
Indienststellung	2007
Renovierung	2011
Länge (m)	339,00
Breite (m)	56,00
Vermessung (Tonnage, BRZ)	154.407
Tiefgang (m)	8,50
Antriebsleistung (kW)	75.600
Geschwindigkeit, max. (Knoten)	22
Passagierdecks	15
Passagiere max.	4375
Restaurants/Bars	6/19
Besatzungsstärke	1397

Liberty of the Seas, Sportdeck

Sportdeck der Mariner of the Seas mit Minigolf, Tennisplatz, Kletterwand. 2003 in Dienst gestellt, bietet sie 3114 Passagieren Platz.

Seabourn Cruise Line

Auch dieses US-amerikanische Unternehmen wurde von einem Norweger gegründet und gelangte schließlich unter das Dach der Carnival Corporation & plc. Mit Fug und Recht bezeichnet sich Seabourn als Pionier der »Ultra-Luxus-Kreuzfahrten«. Schon die ersten »Yachten« (*Pride, Spirit, Legend*; konzipiert für 212 Passagiere) glänzten durch großzügige Suiten (alle mit Meerblick), luxuriöse Ausstattung und exzellenten Service. Eine Kreuzfahrt auf einem Seabourn-Schiff ist luxuriös und dennoch entspannt, elegant und doch ungezwungen, üppig und dennoch unaufdringlich.

Von 2009 bis 2011 verdoppelte Seabourn ihre Flotte durch die größeren praktisch identischen *Odyssey, Sojurn* und *Quest*. Seabourns Schiffe kreuzen auf den sieben Weltmeeren und können dank ihrer geringen Abmessungen Häfen anlaufen und in Regionen vordringen, die größeren Schiffen unerreichbar bleiben.

Seabourn Quest, Spa-Terrasse

Seabourn Quest

Jüngstes Mitglied der Odyssey-Klasse ist die *Seabourn Quest*. In bewährter Seabourn-Tradition bieten die preisgekrönten Restaurants erlesene Speisen und Getränke (sogar Champagner und ausgewählte Weine!) ohne Aufpreise. Die Strandpartys mit erlesenen Grillgerichten sind legendär.
Bordsprache: Englisch.
Kontakt für zusätzliche Informationen:
Seabourn Cruise Line,
Tel. 00800 1872 1872; www.de.seabourn.com

Daten & Fakten	
Indienststellung	2011
Länge (m)	198,00
Breite (m)	25,60
Vermessung (Tonnage, BRZ)	32.000
Tiefgang (m)	6,50
Antriebsleistung (kW)	23.040
Geschwindigkeit, max. (Knoten)	19
Passagierdecks	8
Passagiere max.	450
Restaurants/Bars	4/6
Besatzungsstärke	330

Seabourn Quest

Sea Cloud Cruises

1931 im Auftrag des US-amerikanischen Multimillionärs Edward F. Hutton als Hochzeitsgeschenk für Marjorie M. Post von der Kieler Germaniawerft als *Hussar II* gebaut, gilt die Bark heute noch als größte und luxuriöseste jemals gebaute Privatsegelyacht. Nach der Scheidung des Paares in *Sea Cloud* umbenannt, gelangte die »Seewolke« nach Kriegseinsatz und mehrfachem Besitzerwechsel in den Besitz der maltesischen Hansa Cloud Ltd. und wird – generalüberholt – seit 1978 von der Hamburger Sea Cloud Cruises GmbH als Segelkreuzfahrer betrieben. Angespornt durch den wirtschaftlichen Erfolg des Schiffes wurde 1998 die *Sea Cloud II* auf Kiel gelegt und 2001 in Dienst gestellt.

Sea Cloud II; ein Rahsegler mit Vor-, Groß- und Besanmast

Sea Cloud II

Als Neukonstruktion ist die *Sea Cloud II* kein »Schwesterschiff« der nun mehr als 80 Jahre zählenden »alten« *Sea Cloud*. Während die klassische Kreuzfahrt von immer größeren Schiffen und Superlativen geprägt wird, bewahren die »Seewolken« die Windjammer-Romantik vergangener Zeiten und bieten ihren Gästen einzigartige Reisen zu geschichtsträchtigen Städten, malerischen Landschaften und exotischen Stränden in den besten Segelrevieren der Welt – in zwangloser, stilvoller, zeitloser Atmosphäre. Sie verbinden zeitlose Eleganz mit luxuriösem Komfort und kulinarischen Hochgenüssen (*Sea Cloud II* ist Mitglied der Chaîne des Rôtisseurs). Segelromantiker kommen an Bord der »Seewolken« voll und ganz auf ihre Kosten. Denn die 23 Segel mit einer Gesamtfläche von 3000 m^2 werden wie in alten Zeiten noch von Hand gesetzt; nichts geschieht auf Knopfdruck. Atemberaubend, faszinierend, großartig, romantisch! Bordsprachen: Deutsch, Englisch.

Kontakt für zusätzliche Informationen:
Sea Cloud Cruises Hamburg,
Tel. (040) 30 95 92–0; www.seacloud.com

Daten & Fakten	
Indienststellung	2011
Länge (m)	117,00
Breite (m)	16,00
Höhe des Großmastes über Deck (m)	57,00
Vermessung (Tonnage, BRZ)	3849
Tiefgang (m)	5,40
Antriebsleistung (kW)	24.800
Geschwindigkeit, max. (Knoten)	13
Passagierdecks	4
Passagiere max.	94
Restaurants/Bars	1/2
Besatzungsstärke	65

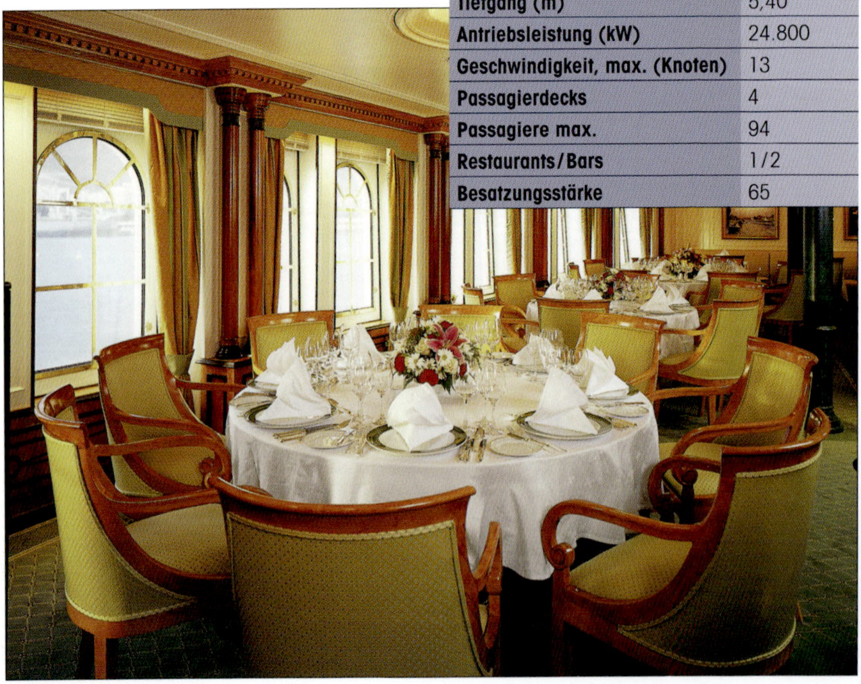

Restaurant (5 Sterne!)

An Deck – zwanglose, zeitlose Romantik

Silversea Cruises

Anfang der 1990er Jahre wurde die Firma von einer italienischen Familie gegründet. Alle Schiffe der Silversea-Flotte bieten eine elegant-familiäre Atmosphäre, luxuriöse Geräumigkeit im Art-Deco-Stil der 1930er Jahre (mit einem der vorteilhaftesten Raum-Passagier-Verhältnisse der Kreuzfahrtbranche!) und dank Kooperation mit Relais & Châteaux exquisite Küche sowie einen so individuellen Service (Butler in jeder Suite!), wie man ihn ansonsten nur in Hotels der Spitzenklasse erwartet. Im Rahmen eines All-Inclusive-Konzepts sind alle Getränke »included«. Trinkgelder werden nicht erwartet und auch nicht – wie ansonsten so häufig – automatisch in Rechnung gestellt. Es gibt keine festgelegten »Seatings«, und die Gäste können speisen, wann, mit wem und an welchem Tisch sie wünschen. Kein Wunder also, dass Silversea immer wieder Auszeichnungen erhält und zu den weltbesten Kreuzfahrtgesellschaften gezählt wird.

Zu Silverseas Besonderheiten gehören Expeditions- (siehe *Silver Explorer*) und Weltreisen, Themenkreuzfahrten (beispielsweise Golf, Gourmet) und Charterreisen. Gemäß dem Silversea-Konzept »Personalisiert Reisen« können die Passagiere ihren Start- und Zielhafen nach eigenen Wünschen bestimmen und eine individuelle Kreuzfahrt arrangieren. Alle Silversea-Schiffe bieten ausschließlich Außensuiten (größtenteils mit Privatveranda) und können – da nicht nur fein, sondern auch klein – Häfen und Regionen ansteuern, die den »Riesen« der Konkurrenz verschlossen bleiben: Chiles Fjorde, Neuseelands Küste oder beispielsweise die exotischsten Inseln der Südsee und Karibik.

Silver Spirit im Hafen von St. Lucia in der Karibik

Silver Spirit

Silverseas Flotte umfasst sechs Schiffe. Jüngstes – und größtes – ist die Ende 2009 in Dienst gestellte *Silver Spirit*. Verglichen mit ihren kleineren älteren »Schwestern« bietet sie noch mehr Veranda-Suiten (95 Prozent!), eine noch größere Restaurant-Auswahl und noch mehr Annehmlichkeiten.
Bordsprachen: Englisch.

Daten & Fakten	
Indienststellung	2009
Länge (m)	198,50
Breite (m)	26,20
Vermessung (Tonnage, BRZ)	36.000
Tiefgang (m)	6,40
Antriebsleistung (kW)	26.100
Geschwindigkeit, max. (Knoten)	20,3
Passagierdecks	8
Außensuiten	270
Passagiere max.	540
Restaurants/Bars	6/2
Besatzungsstärke	376

Silver Spirit, Vista Suite

Silver Explorer

Speziell für Expeditionskreuzfahrten erwarb Silversea Cruises 2007 die *Prince Albert II*. Auf der finnischen Werft Rauma-Repola als Fähre gebaut und 1989 in Dienst gestellt, war sie schließlich in Singapur zum Cruise Liner umgebaut worden. 2007 von Silversea Cruises erworben und in Italien bei Fincantieri für luxuriöse Erkundungsreisen in die entlegensten Gebiete der Erde umgebaut (verstärkter Rumpf für Eisklasse 1A), stach sie 2008 zunächst als *Prince Albert II* in See, bevor sie 2011 in *Silver Explorer* umbenannt wurde. Die *Silver Explorer* bietet ein Luxusniveau, das im Bereich der Expeditionskreuzfahrten seinesgleichen sucht, und schafft es immer wieder, Expeditionskreuzfahrten mit elegantem Lifestyle zu kombinieren. Sämtliche Unterkünfte bieten Meerblick sowie persönlichen Butler-Service. Alle Landausflüge (auch sie im Preis eingeschlossen) in kleinen Gruppen werden von erfahrenen Naturführern geleitet.

Bordsprachen: Englisch.

Kontakt für zusätzliche Informationen:
AVIATION & TOURISM International Alzenau, Tel. (06023) 91 71 50; www.atiworld.de

Daten & Fakten	
Indienststellung	2011
Länge (m)	108,00
Breite (m)	16,00
Vermessung (Tonnage, BRZ)	6072
Tiefgang (m)	4,00
Antriebsleistung (kW)	4500
Geschwindigkeit, max. (Knoten)	14
Passagierdecks	5
Außensuiten	66
Passagiere max.	132
Restaurants/Bars	1/3
Besatzungsstärke	111

Silver Explorer in der Antarktis. Mit ZODIAC-Schlauchbooten werden abgelegene, ansonsten unzugängliche Orte erkundet.

Star Clippers
Royal Clipper

Fünfmaster Royal Clipper mit 42 Segeln und 5202 m² Segelfläche. Der Nachbau der legendären Preußen wurde 2000 in Dienst gestellt und ist das erste seit 1902 gebaute Fünfmast-Vollschiff.

Mit der Indienststellung der *Star Clipper* und der *Star Flyer* erfüllte sich der schwedische Reeder Mikael Krafft einen Kindheitstraum. 2000 stieß mit der *Royal Clipper* der Nachbau der legendären *Preußen* hinzu, des derzeit größten Segelschiffs weltweit. Star Clippers bietet mit seinem Dreigespann aus Vier- und Fünfmast-Seglern anspruchsvollen Passagieren ein einzigartiges Segelerlebnis an Bord eines echten Großseglers im Einklang mit Natur, Meer und Wind und dem Komfort der klassischen Clipperschiffe. Das über drei Decks reichende Atrium dient als Hauptrestaurant. Die Atmosphäre an Deck ist ungezwungen – ohne feste Sitzordnung und Krawattenzwang. Mit Anlaufhäfen abseits der altbekannten Routen sowie Aktivitäten, wie man sie sonst nur auf Privatyachten findet, bieten die drei Clipper spektakuläre Segelerlebnisse (auf Wunsch Mastklettern bis ins Krähennest!). Auf wechselnden Routen in der Karibik und im Mittelmeer unter Segeln, befahren die Clipper seit 2012 auch die Ostsee. Das Publikum ist bunt gemischt; die Bordsprachen Deutsch, Englisch, Französisch.

Kontakt für zusätzliche Informationen:
Star Clippers Monaco,
Tel. (377) 979784-0;
E-Mail: info.monaco@starclippers.com;
www.starclippers.com

Daten & Fakten	
Länge (m)	134,00
Breite (m)	16,00
Höhe des Großmastes über Deck (m)	54,00
Vermessung (Tonnage, BRZ)	5000
Tiefgang (m)	5,60
Antriebsleistung (kW)	3730
Segelgeschwindigkeit, max. (Knoten)	20
Passagierdecks	4
Passagiere max.	227
Restaurants/Bars	1/2
Besatzungsstärke	106

Die baugleichen Viermaster Star Clipper und Star Flyer halten mit 68,88 m über der Wasserfläche den Weltrekord für die höchsten Schiffsmasten. 1991/92 in Dienst gestellt, sind sie 115,50 m lang. An Deck: 170 Passagiere, 75 Crew-Mitglieder.

TransOcean Kreuzfahrten
MS Astor

Glaubt man US-amerikanischen Kommentatoren, so existiert es noch, das solide konstruierte klassische deutsche Kreuzfahrtschiff: die gute alte *MS Astor* mit deutscher Küche, gediegenen Restaurants, perfektem Service und einer aufmerksamen, freundlichen Crew. Ihre Ausstattung ist eine geglückte Mischung traditioneller und moderner Elemente. Das Hauptrestaurant Waldorf bietet zwei Sitzungen. In der holzgetäfelten, gemütlichen und als »Rückzugsort« beliebten Hanse Bar gibt es deutsches Bier vom Fass. Bei Howaldtswerke-Deutsche Werft in Kiel gebaut, war die heutige *Astor* von 1988 bis Ende 1995 zunächst als *Fedor Dostoevsky* im Einsatz. Im Winter 2009/2010 auf der Lloyd-Werft in Bremerhaven umgebaut und renoviert, braucht die *Astor* keine jüngere Konkurrentin zu scheuen.
Bordsprachen: Deutsch.

Kontakt für zusätzliche Informationen:
TransOcean Kreuzfahrten Bremen,
Tel. (0421) 33 36–0; www.transocean.de

Daten & Fakten	
Indienststellung	1987
Länge (m)	176,25
Breite (m)	22,60
Vermessung (Tonnage, BRZ)	22.606
Tiefgang (m)	6,10
Antriebsleistung (kW)	15.400
Geschwindigkeit, max. (Knoten)	20
Passagierdecks	7
Kabinen	295
Passagiere max.	590
Restaurants/Bars	2/3
Besatzungsstärke	300

MS Astor in der Südsee

TUI Cruises
Mein Schiff 1 & Mein Schiff 2

Die Strategen der Touristik Union International (TUI) erkannten frühzeitig die Bedeutung des rasant wachsenden Kreuzfahrtmarktes und entschieden sich, keine Zeit mit dem Bau neuer Schiffe zu verlieren, sondern sich stattdessen aus dem Portfolio des Partners Royal Caribbean International (d. h. aus der Flotte der Celebrity Cruises) zu bedienen. Im April 2008 wurde die TUI Cruises GmbH gegründet, im Folgejahr die *Celebrity Galaxy* (1995/96 bei der Meyer Werft, Papenburg, gebaut) erworben. Im Rahmen umfassender Renovierungs- und Modernisierungsmaßnahmen wurde das auf den US-amerikanischen Geschmack ausgelegte Interieur weitgehend dem europäischen Markt angepasst. Es wurden nicht nur Wände und Einbauten entfernt, sondern beispielsweise die Restaurant- und Bar-Bereiche erweitert und erneuert, die Fläche des Spa-Bereiches verdoppelt sowie 200 neue Balkons angebaut und 202 vorhandene Balkons zu Veranden vergrößert. Das zusätzliche Gewicht wurde im Heckbereich durch einen etwa 380 Tonnen schweren Stahlunterbau (Ducktail) ausgeglichen. Nach Abschluss der Arbeiten im Mai 2009 in *Mein Schiff 1* umbenannt, kreuzt sie seitdem unter maltesischer Flagge.

Konsequenterweise erwarb TUI Cruises von RCI als zweites Schiff die *Celebrity Mercury*. Auch sie auf der Meyer Werft gebaut und fast baugleich mit der *Celebrity Galaxy*, wurde nun – wie bereits *Mein Schiff 1* – auf der Lloyd Werft, Bremerhaven, modernisiert und europäischen Standards angepasst. Im Mai 2011 in *Mein Schiff 2* umbenannt, führt auch sie die maltesische Flagge. TUI Cruises glückte mit beiden Schiffen ein Spagat zwischen klassisch-luxuriöser Kreuzfahrt und locker-entspanntem Spaßschiff-Feeling unter dem Motto »zeitgemäßes Reisen«. TUI Cruises bietet den Passagieren ein modernes Kabinen- und Deckdesign, keine kleinliche Kleiderordnung, anspruchsvolle Unterhaltung und – last but not least – ein »Premium-Alles-inklusive-Konzept«, bei dem fast alle Speisen, Getränke (auch außerhalb der Essenszeiten) und Trinkgelder schon im Reisepreis inbegriffen sind. Bordsprache: Deutsch.

Kontakt für zusätzliche Informationen:
TUI Cruises Hamburg,
Tel. (040) 286677–111; www.tuicruises.com

Mein Schiff 2

Mein Schiff 2 Daten & Fakten	
Indienststellung	1997
Umbau	2011
Länge (m)	262,50
Breite (m)	32,20
Vermessung (Tonnage, BRZ)	77.302
Tiefgang (m)	8,50
Antriebsleistung (kW)	36.000
Geschwindigkeit, max. (Knoten)	21,5
Passagierdecks	10
Kabinen	956
Passagiere max.	1912
Restaurants & Bistros	8
Bars & Lounges	10
Besatzungsstärke ca.	780

Mein Schiff 2, Balkonkabine

Im »Kids Club« haben die Kleinen ihren Spaß

2014 soll auf der finnischen Werft STX Finland der erste Neubau vom Stapel gehen. Das Schiff soll rund 300 m lang sein und in 1250 Kabinen 2500 Betten aufweisen. Bei Drucklegung dieses Typenkompass' war der Name des Schiffes noch unbekannt.

Genuss an Deck – Wein-Abendstimmung

1AVista Reisen

In Köln am Rhein haben diese Flussreise-Experten ihren Sitz. Ihre Schiffe – rund ein Dutzend – kreuzen aber nicht nur auf dem Rhein, sondern auf allen großen deutschen Strömen, europaweit und auf Ägyptens Nil.
Schonend auf die Reisekasse wirkt 1AVistas All-Inclusive-Vollpension-Konzept zum Frühstück, Mittag- und Abendessen, nachmittags Gebäck, Tee/Kaffee und Mitternachtssnack.
Die Bordsprache auf allen Schiffen ist Deutsch.
Aus Platzgründen können hier nur einige ausgewählte Schiffe vorgestellt werden.

Kontakt für zusätzliche Informationen:
1AVista Reisen Köln,
Tel. (0221) 99 800 800; www.1avista.de

MS Bellriva

Obschon sie mehr als 40 Jahre auf dem Kiel trägt, ist sie das klassische Kreuzfahrtschiff der gehobenen Mittelklasse. Bei ihren zahlreichen Stammgästen gilt sie längst als Kultschiff. Mit großzügigem Panoramasalon und -restaurant, gemütlicher Bar, Veranda, Leseecke, geräumigem und teilweise überdachtem Sonnendeck und Promenade bietet sie gemütlich-ungezwungene und gleichwohl gepflegte Atmosphäre und ist der ideale Ort, um die Seele baumeln zu lassen. Zwischen Ober- und Panoramadeck ist ein Treppenlift installiert.
Alle Gästekabinen sind klimatisiert und liegen außen: auf dem Hauptdeck mit Fenster, auf dem Oberdeck mit Panoramafenster. Die Küchenleistung ist gut, das Personal aufmerksam und freundlich.

Daten & Fakten	
Indienststellung	1971
Renovierung	2007
Länge (m)	104,64
Breite (m)	11,60
Tiefgang (m)	1,40
Passagierdecks (incl. Sonnendeck)	4
Kabinen	90
Passagiere max.	186
Restaurants/Bars	1/1
Besatzungsstärke ca.	40

MS Bellriva auf der Mosel bei Cochem

MS River Explorer

Ein Schiff zum Wohlfühlen mit exklusiver Ausstattung: großzügig, elegant, komfortabel. Zur legeren Urlaubsatmosphäre empfiehlt sich bequeme Kleidung, zum Abendessen ist gepflegte Kleidung erwünscht, zum Kapitänsdinner sportliche Eleganz.
Der lichtdurchflutete Panoramasalon ist geräumig, die Bar gemütlich und das teilweise überdachte Sonnendeck großzügig ausgelegt. Nichts hindert den Blick auf die vorbeiziehenden Flusslandschaften.
Alle Kabinen liegen außen, sind komfortabel und geschmackvoll ausgestattet und bieten Französische Balkone (Oberdeck) beziehungsweise Panoramafenster (Mitteldeck). Nur die Kabinen auf dem Hauptdeck haben kleinere Fenster.

Daten & Fakten	
Indienststellung	2001
Renovierung	2010
Länge (m)	125,50
Breite (m)	11,40
Tiefgang (m)	1,30
Passagierdecks (incl. Sonnendeck)	4
Kabinen	85
Passagiere max.	170
Restaurants/Bars	1/1
Besatzungsstärke ca.	40

MS River Explorer auf der Donau, Wien

Das Panorama-Restaurant

Deluxe-Kabine auf dem Oberdeck

Die Rezeption

MS Vista Prima

Mit der *Vista Prima* erschien 2010 ein neuer strahlender Stern am deutschen Flusskreuzfahrt-Himmel. Das Flaggschiff der 1AVista Reisen zählt zu den komfortabelsten und luxuriösesten Flussschiffen. Für Ausstattung und Design wurden edle, umweltschonende Materialien verarbeitet. Zweifellos bietet *Vista Prima* den First-Class-Komfort eines exklusiven, schwimmenden Hotels. Alle Kabinen liegen außen, sind größtenteils mit Französischen Balkonen ausgestattet und bieten ein sehr angenehmes Ambiente. Auf dem großflächigen Sonnendeck finden sich auch Schattenplätze, Großschach, Shuffleboard, Whirlpool sowie ein Golf Putting Green. Eine Bar befindet sich im stilvoll eingerichteten Panoramasalon, eine zweite – Lido-Heckbar – mit Aussichtsterrasse wird gern von Rauchern frequentiert ... Die Küche ist exzellent, der Service freundlich-perfekt. Natürlich gibt es auch einen Wellnessbereich mit Sauna, Dampfbad und – gegen Gebühr – Massage. Zum Landausflug können bei der Rezeption Fahrräder gemietet werden.

MS Vista Prima auf dem Rhein bei Köln

Der Panorama-Salon

Kabine mit Französischem Balkon und bis zum Boden reichenden Fenstern

Daten & Fakten	
Indienststellung	2010
Länge (m)	110,00
Breite (m)	11,40
Tiefgang (m)	1,35
Passagierdecks	4
Kabinen	75
Passagiere max.	150
Restaurants/Bars	1/2
Besatzungsstärke ca.	35

Die Bar

Das elegante Restaurant mit Panoramafenstern

A-ROSA

Mit einheitlicher hochmoderner Flotte auf Rhein/Main/Mosel, Donau und Donaukanal sowie auf Rhône/Saône bietet die A-ROSA Flussschiff GmbH mit Sitz in Rostock unter dem Motto »Lust auf Schiff« seit nunmehr über zehn Jahren Kreuzfahrten im gehobenen 4-Sterne-Segment an. Markenzeichen der Schiffe sind der Kussmund mit der Rose am Bug.

Alle Schiffe sind unter A-ROSAs Regie entwickelt und auf der Neptun Werft in Rostock gebaut worden.

Die Bordsprache auf allen Schiffen ist Deutsch. Aus Platzgründen werden nur einige ausgewählte Schiffe vorgestellt.

Kontakt für zusätzliche Informationen:
A-ROSA Flussschiff GmbH Rostock,
Tel. (0381) 202 6001; www.a-rosa.de

Rheinflotte

An Bord der Rhein-Flotte erleben die Passagiere nicht nur die romantischen Flusslandschaften des Rheins, sondern auch den einzigartigen Charakter von Main und Mosel. Begründerin der inzwischen auf vier Schiffe (*Aqua, Viva, Brava, Silva*) angewachsenen Rheinflotte war die *A-ROSA Aqua*. Wie ihre beiden baugleichen »Schwestern« *Viva* und *Brava* (Indienststellung

A-ROSA Aqua in Köln

2010 bzw. 2011) wurde die *A-ROSA Aqua* als Kabinenschiff der 4-Sterne-Kategorie konstruiert und die beiden unteren Decks als Wohnbereiche für die Passagiere ausgelegt. Geboten werden ausschließlich Außenkabinen, von denen die meisten über einen Französischen Balkon verfügen. Auf dem Oberdeck sind bugseitig ein Wellnessbereich sowie ein Whirlpool eingerichtet. Im Heckbereich befinden sich Restaurant, Lounge, Weinstube und Bar und auf dem Sonnendeck (teilweise mit Sonnensegeln) der Außenbereich des Restaurants, Golf Putting Green und Großschach.

Technisch auf modernstem Stand, sind alle Schiffe dank Bugstrahlanlage außerordentlich wendig. Da Steuerhaus, Geländer und Sonnensegel umgelegt werden können, können auch niedrige Brückendurchfahrten bewältigt werden.

Als jüngstes Mitglied der Rheinflotte und zehntes A-ROSA-Schiff wurde die *A-ROSA Silva* am 2. Juli 2012 in Amsterdam getauft. Bei gleichen äußeren Abmessungen wie die drei älteren »Schwestern« bietet sie 186 Passagieren Platz und setzt mit Suiten und Juniorsuiten Akzente zu den regulären Außenkabinen. *A-ROSA Silva* bietet bewährte Qualität: großzügiges Sonnendeck, Café-Restaurant, Weinwirtschaft und attraktive Ausflugsprogramme, Buffets mit Live-Cooking, Außenpool, Sanatorium und einen modernen Spa-Bereich. Als neuer Schiffstyp ist die *Silva* vor allem für längere Reisen (ab zehn Tage) sowie als Zweieinhalbdecker optimal zur Verbindung der Fahrgebiete Rhein und Donau geeignet. Schon am Tag nach der Taufe hieß es für die *A-ROSA Silva* »Leinen los!« zur Jungfernfahrt nach Basel.

A-ROSA Aqua, Daten & Fakten	
Indienststellung	2009
Länge (m)	135,00
Breite (m)	11,40
Tiefgang (m)	1,60
Passagierdecks (incl. Sonnendeck)	4
Kabinen	99
Passagiere max.	202
Restaurants/Bars	3/3
Besatzungsstärke ca.	54

A-ROSA Silva

Donauflotte

Als Europas einziger Fluss fließt die Donau von Westen nach Osten bis zum Schwarzen Meer – eine mehr als 2400 Kilometer lange Lebensader Europas. Wer diese geschichtsträchtige malerische Flusslandschaft befährt, erlebt die Donau als Bindeglied zwischen Völkern, Religionen und Kulturen sowie die Metropolen Wien, Budapest, Bratislava.

A-ROSA befährt die Donau mit den baugleichen von 2002 bis 2004 in Dienst gestellten Schiffen der 4-Sterne-Kategorie *Bella, Donna, Mia* und *Riva.*

Alle ihre Kabinen sind klimatisiert und außen angeordnet; 48 mit Französischem Balkon. Auf dem Oberdeck ist bugseitig eine rundum verglaste Lounge mit Bar und Bühne eingerichtet. Die Bereiche für Fitness und Wellness mit Dampf- und Panoramasauna schließen sich an. Das Buffetrestaurant (Front Cooking) bietet ein offenes Achterdeck, das Sonnendeck Swimmingpool, Golf Putting Green, Shuffleboard und Großschach. Technisch auf modernstem Stand, sind alle Schiffe dank Bugstrahlanlage außergewöhnlich manövrierfähig. Für Fahrten mit höheren Wasserständen können das Steuerhaus abgesenkt, die Geländer und Sonnensegel umgelegt werden.

A-ROSA Riva, Daten & Fakten	
Indienststellung	2004
Länge (m)	124,50
Breite (m)	14,40
Tiefgang (m)	1,87
Passagierdecks (incl. Sonnendeck)	4
Kabinen	100
Passagiere max.	242
Restaurants/Bars	2/2
Besatzungsstärke ca.	50

A-ROSA Mia und der Dom von Eszetergom, Sitz des Primus von Ungarn

Rhône/Saône-Flotte

Burgund, Provence, Camargue, Chalon-sur-Saône, Aix-en-Provence, Arles. Durch diese traumhaften Landschaften auf Rhône und Saône kreuzt seit 2005 die Rhône/Saône-Flotte mit *A-ROSA Luna* und *A-ROSA Stella*; sie bieten Gourmets und kulturell interessierten Passagieren eine wahre Tour de France – bis hinab zum Mittelmeer. Von den 86 Außenkabinen verfügen 57 über einen Balkon. Technisch unterscheiden sich die baugleichen Schwesterschiffe von den übrigen A-ROSA-Schiffen im Wesentlichen dadurch, dass sie kleiner und den französischen Schleusen angepasst sind. Gleichwohl finden ihre Passagiere an Bord all das Positive, was eine Kreuzfahrt mit A-ROSA auszeichnet und speziell in Südfrankreich zum Hochgenuss macht.

A-ROSA Stella, Daten & Fakten	
Indienststellung	2005
Länge (m)	125,80
Breite (m)	11,40
Tiefgang (m)	1,60
Passagierdecks (incl. Sonnendeck)	4
Kabinen	86
Passagiere max.	174
Restaurants/Bars	2/2
Besatzungsstärke ca.	45

A-ROSA Stella

Blue Views
Zambezi Queen

Wenn überhaupt, so gibt es weltweit nur wenige Naturwunder, die mit dem Chobe-Nationalpark im Grenzgebiet von Botswana, Namibia, Sambia und Simbabwe konkurrieren können. Benannt nach dem Chobe River, ist der Park Heimat riesiger Elefantenherden und zahlreicher anderer Großwildtiere, beispielsweise Löwen, Leoparden, Kaffernbüffel, Zebras, Giraffen, Nilpferde, dazu zahlreicher Antilopen- und über 400 Vogelarten. Kurz: Wer Afrikas faszinierende Tierwelt hautnah, individuell und in luxuriöser Umgebung erleben möchte, der sollte an Bord der *Zambezi Queen* gehen. Seit 2009 befährt dieses kleine, wendige 5-Sterne-Luxus-Hotelschiff die Flusslandschaften des Chobe River. Zum Programm der Fluss-Safaris gehören Tierbeobachtungen und Angelausflüge, Besuche entlegener Dörfer und Rundflüge.

An Bord der *Zambezi Queen* finden sich Naturfreunde aus aller Welt. Klimatisierte Suiten, Lounge, Bibliothek, Bar, Restaurant und Pool bieten wahren Luxus. Umweltschützer werden beglückt feststellen, dass eine Solaranlage Strom liefert und Abwässer in Tanks aufgefangen und nicht abgeleitet werden. Zur Schonung der Flussfauna wird die *Zambezi Queen* nicht von einer konventionellen Schraube, sondern von vier Düsen angetrieben.
Bordsprache: Englisch.

Kontakte für zusätzliche Informationen:
Blue Views Cape Town/South Africa,
www.zambeziqueen.com;
Art of Travel München,
Tel. (089) 211 07 60;
www.artoftravel.de

Safari im bordeigenen Boot

Zambezi Queen

Daten & Fakten	
Indienststellung	2009
Länge (m)	45,70
Breite (m)	7,80
Tiefgang (m)	0,70
Passagierdecks (incl. Sonnendeck)	3
Kabinen	14
Passagiere max.	30
Restaurants/Bars	1/1
Besatzungsstärke ca.	20

Zambezi Queen – eine der großzügigen Suiten

CroisiEurope

Seit über 35 Jahren bietet diese elsässische Reederei Flusskreuzfahrten »Mit dem französischen Mehr an Flair«.
Mit einer Flotte von – seit April 2012 – 26 baugleichen Schiffen der Prestigeklasse befährt CroisiEurope Europas schönste Flüsse und entführt seine Gäste in herrliche Naturlandschaften und zu kulturellen Höhepunkten. Längst zählt das Familienunternehmen aus Straßburg zu den führenden Reedereien der europäischen Flusstouristik.

MS Gérard Schmitter

Am 9. April 2012 wurde in Straßburg das neue Flaggschiff auf den Namen des Firmengründers Gérard Schmitter getauft. Mit einem Lift verbunden, bieten die Passagierdecks und das Sonnendeck zahlreiche Annehmlichkeiten: ein Restaurant mit erstklassiger Gastronomie und eine Piano Bar mit guter Unterhaltung. Die Kabinen mit individuell regulierbarer Klimaanlage beziehungsweise Heizung sind ebenso wie die Gesellschaftsräume sehr komfortabel, geräumig und gemütlich gestaltet und bieten dank großen Panoramafenstern herrliche Aussicht auf die vorübergleitende Landschaft. Die Reisekleidung ist sportlich-leger.
Bordsprachen: Französisch, Deutsch.
Kontakt für zusätzliche Informationen:
Anton Götten GmbH Saarbrücken,
Tel. (0681) 3032–00; www.croisieurope.de oder www.goetten.net

Daten & Fakten	
Indienststellung	2012
Länge (m)	110,00
Breite (m)	11,40
Passagierdecks (incl. Sonnendeck)	3
Kabinen	88
Passagiere max.	176
Restaurants/Bars	1/2
Besatzungsstärke ca.	25

9. April 2012: Taufe der MS Gérard Schmitter in Straßburg

Eine von 88 Außenkabinen; Grundfläche ca. 12 m²

Speisesaal

Piano Bar

DERTOUR

Kaum ein anderer europäischer Strom zieht die Menschen so in seinen Bann wie die Donau. Schiffbar von Passau bis zum Schwarzen Meer, berührt sie auf ihrem langen Lauf insgesamt zehn Staaten, bietet einzigartige Flusslandschaften und geschichtsträchtige Metropolen. Auf diesem, nach der Wolga zweitgrößten und zweitlängsten europäischen Strom betreibt DERTOUR mit der *DERTOUR Amadeus* und *DERTOUR Mozart* zwei der attraktivsten Kreuzfahrtschiffe.

Restaurant

2-Bett(Sofa)-Kabine

Daten & Fakten	
Indienststellung	1987
Renovierung	2010
Länge (m)	120,60
Breite (m)	22,80
Tiefgang (m)	1,60
Passagierdecks (incl. Sonnendeck)	4
Kabinen	100
Passagiere max.	206
Restaurants/Bars	1/1
Besatzungsstärke ca.	50

Wellnessbereich mit Blick auf die Donau

DERTOUR Mozart

DERTOUR Mozart

Die *DERTOUR Mozart* gilt als »Königin der Donau« und dies nicht nur, weil sie das zweitgrößte Flusskreuzfahrtschiff der Welt und das größte auf der Donau ist, sondern auch wegen ihren geräumigen Kabinen (etwa 40 m^2) und doppelt so großen Suiten mit individuell regulierbarer Klimaanlage beziehungsweise Heizung sowie der luxuriös-klassischen Ausstattung: ein bewährtes und flusserfahrenes schwimmendes First-Class-Hotel! Auch wegen ihrer Bauweise als Semi-Katamaran ist die *DERTOUR Mozart* ein Unikat und ein echter Hingucker. Die exzellente Gastronomie bietet hochwertige Qualität mit überwiegend regionalen Speisen. Nachmittags verwöhnt Café Amadeus mit exquisiten Kaffeespezialitäten. Einzigartiges bietet der Wellnessbereich mit Innenpool, Whirlpool, Massage und Sauna: einfach alles wonach sich gestresste Körper – und Seelen – sehnen.

Dank der ungezwungenen Atmosphäre empfiehlt die Kleiderordnung nur für das Captain's Dinner sportliche Eleganz.

Bordsprache: Deutsch.

Kontakt für zusätzliche Informationen:

DER Tour Frankfurt/Main,
Tel. (069) 9588–00; www.dertour.de

Feenstra Rijn Lijn
MS Antonio Bellucci

Im April 2012 stellte die niederländische Feenstra Rijn Lijn mit der *MS Antonio Bellucci* (benannt nach einem italienischen Maler des Rokoko) ihr neues Luxusschiff in Dienst.

Alle geschmackvoll eingerichteten geräumigen Kabinen besitzen eine individuell regulierbare Klimaanlage. Die 2-Bett-Kabinen im Mittel- und Oberdeck haben Französische Balkone, raumhohe Glasschiebetüren und sind etwa 15,5 m^2 groß, die mehr als doppelt so großen Suiten bieten etwa 32 m^2. Auf dem Hauptdeck sind die Kabinen nur etwa 13 m^2 groß; ihre Fenster lassen sich aus Sicherheitsgründen nicht öffnen. Auf dem Sonnendeck befindet sich ein Whirlpool. Eine große Panoramalounge mit Bar und Tanzfläche befindet sich im vorderen Teil, im Heckbereich die gemütliche Captain's Corner mit Kaffee-Bar und Bibliothek. Das Restaurant bietet allen Passagieren gleichzeitig Platz und ist ebenso wie der Fitness- und Saunabereich auf dem Hauptdeck eingerichtet.

Bordsprachen: Deutsch, Englisch.

Kontakt für zusätzliche Informationen:
Feenstra Rijn Lijn HA Arnhem / Niederlande,
Tel. 026–445 2805; www.feenstrarijnlijn.nl

MS Antonio Bellucci

Daten & Fakten	
Indienststellung	2012
Länge (m)	110,00
Breite (m)	11,45
Tiefgang (m)	1,60
Höhe über Wasser (m)	6
Passagierdecks (incl. Sonnendeck)	4
Kabinen	70
Passagiere max.	141
Restaurants/Bars	1/1
Besatzungsstärke ca.	40

nicko tours

1992 gegründet, betreibt nicko tours seit 2011 30 Schiffe und gilt als Marktführer für Flusskreuzfahrten in Europa. Aus Platzgründen können leider nur einige wenige Schiffe dieser Flotte wirklich detailliert dargestellt werden.

Die Atmosphäre an Bord aller Schiffe ist familiär, bequeme und legere Kleidung ist empfehlenswert. Lediglich zum Abendessen ist gepflegte Kleidung erwünscht. Restaurant (eine Sitzung für alle Gäste) und Küche bieten deutsche und internationale Gerichte. Themenabende, Quizveranstaltungen, Bingo und Live-Musik gestalten das Bordprogramm. Bücher, Brett- und Kartenspiele sind verfügbar.

Die Bordsprache auf allen Schiffen ist Deutsch.

Kontakt für zusätzliche Informationen:
nicko tours Stuttgart,
Tel. (0711) 248980–0; www.nicko-tours.de

MS Casanova. 2001 in Dienst gestellt; Kapazität: 96 Passagiere

MS Bellissima. Der Panoramasalon dieses 2004 in Dienst gestellten klassisch-schönen Schiffes. Kapazität: 134 Passagiere

MS Frédéric Chopin

Als Schwesterschiff der – nach der Ehefrau des Reformators Martin Luther benannten – *Katharina von Bora* kreuzt die *Frédéric Chopin* auf Elbe, Havel und Oder bis in die Ostsee. Beide Schiffe sind für ihre speziellen Fahrgebiete klein, niedrig, wendig und mit geringem Tiefgang konstruiert. Wie die Musik des polnischen Komponisten einen unerschöpflichen Reichtum von Figuren und Arabesken in sich vereinigt, verbindet das nach ihm benannte Schiff ein glänzendes, stilvolles Interieur mit komfortabler Wohlfühl-Atmosphäre. Alle Kabinen sind Außenkabinen und besitzen auf dem Oberdeck große, bis zum Boden reichende Panoramafenster. Die Fenster der Hauptdeckkabinen lassen sich nicht öffnen. Für Einzelreisende gibt es sogar vier Einbett-Kabinen. Bezüglich der Bordeinrichtung besonders zu erwähnen sind das Panorama-Restaurant sowie ein Panaromasalon mit Bar.

Daten & Fakten	
Indienststellung	2004
Länge (m)	83,00
Breite (m)	9,50
Tiefgang (m)	1,10
Höhe über Wasser (m)	4,15
Passagierdecks (incl. Sonnendeck)	3
Kabinen	42
Passagiere max.	80
Restaurants/Bars	1/1
Besatzungsstärke ca.	20

MS Frédéric Chopin

Kabine mit Französischem Balkon

Panoramasalon

MS Heidelberg

Auf der Donau bietet kein anderes Schiff mehr Platz und mehr Luxus als dieses schwimmende Grandhotel! Etwa 18 m^2 (Einzelkabinen ca. 13 m^2) groß, bieten die stilvoll und elegant eingerichteten Kabinen ebenso großzügig und luxuriös ausgestattete Bäder. Fast alle Kabinen verfügen über große, bis zum Boden reichende Panoramafenster (Französischer Balkon) und verfügen selbstverständlich über eine individuell regulierbare Klimaanlage.

Nicht weniger luxuriös gestaltet sind die öffentlichen Bereiche. Ein beliebter Aufenthaltsort ist die Bibliothek, während man vom Sonnendeck die

MS Heidelberg auf der Mosel bei Cochem

vorbeigleitende Landschaft ruhig genießen oder bei Shuffleboard und Großschach relaxen kann. Mit Fitnessraum, Sauna, Dampfbad, Ruheraum und Massage (Aufpreis) ist auch der Wellnessbereich großzügig gestaltet.
Das Restaurant gewährt spektakuläre Aussichten und bietet allen Passagieren Platz. Auf dem Speiseplan stehen internationale und regionale Gerichte.

Das luxuriöse Restaurant

Daten & Fakten	
Indienststellung	2004
Länge (m)	109,40
Breite (m)	11,40
Tiefgang (m)	1,60
Passagierdecks (incl. Sonnendeck)	4
Kabinen	56
Passagiere max.	110
Restaurants/Bars	1/1
Besatzungsstärke ca.	35

MS Flamenco

Mit der Indienststellung dieses Schiffes unterstrich nicko tours seine führende Position. Als erstes Flussschiff in Europa bietet die *MS Flamenco* alle 2-Bett-Kabinen mit Französischem Balkon; 3- und 4-Bett-Kabinen haben nicht zu öffnende Bullaugen. Es ist aber weniger der Wohnkomfort, der dieses innovative Schiff so außergewöhnlich macht. Als TwinCruiser konstruiert, bietet die *MS Flamenco* ein geräuschloses und vibrationsfreies Fahrerlebnis: Das Hauptschiff bis zum Oberdeck ist das Reich der Passagiere, während sich Antrieb und Brücke auf einem separat gefertigten Schubschiff befinden. Die Kabinen sind stilvoll und komfortabel eingerichtet. Das großzügige Panorama-Nichtraucher-Restaurant bietet allen Passagieren zu einer Tischzeit Platz. Dank des verglasten Bugbereichs bietet sich vom Panoramasalon ein fantastischer Ausblick. Ansonsten besitzt die *MS Flamenco* alle Annehmlichen in bewährter nicko-tours-Tradition.

Auf dem romantischen Mittelrhein – MS Flamenco passiert die Loreley

Panoramasalon im Bugbereich

Kabine mit Französischem Balkon

Daten & Fakten	
Indienststellung	2005
Länge (m)	135,00
Breite (m)	11,40
Tiefgang (m)	1,60
Höhe über Wasser (m)	7,50
Passagierdecks (incl. Sonnendeck)	4
Kabinen	98
Passagiere max.	200
Restaurants/Bars	1/1
Besatzungsstärke ca.	40

PLANTOURS Kreuzfahrten

Neben dem Cruise Liner *MS Hamburg* (siehe Seite 55) betreibt PLANTOURS auch komfortable Flussschiffe. Von der großen Flotte können nur einige wenige dargestellt werden.

Kontakt für zusätzliche Informationen:
PLANTOURS Kreuzfahrten Bremen,
Tel. (0421) 17369–0; www.plantours-partner.de

Daten & Fakten	
Indienststellung	2006
Länge (m)	110,00
Breite (m)	11,40
Tiefgang (m)	1,35
Passagierdecks (incl. Sonnendeck)	4
Kabinen	76
Passagiere max.	146
Restaurants/Bars	1/2
Besatzungsstärke ca.	35

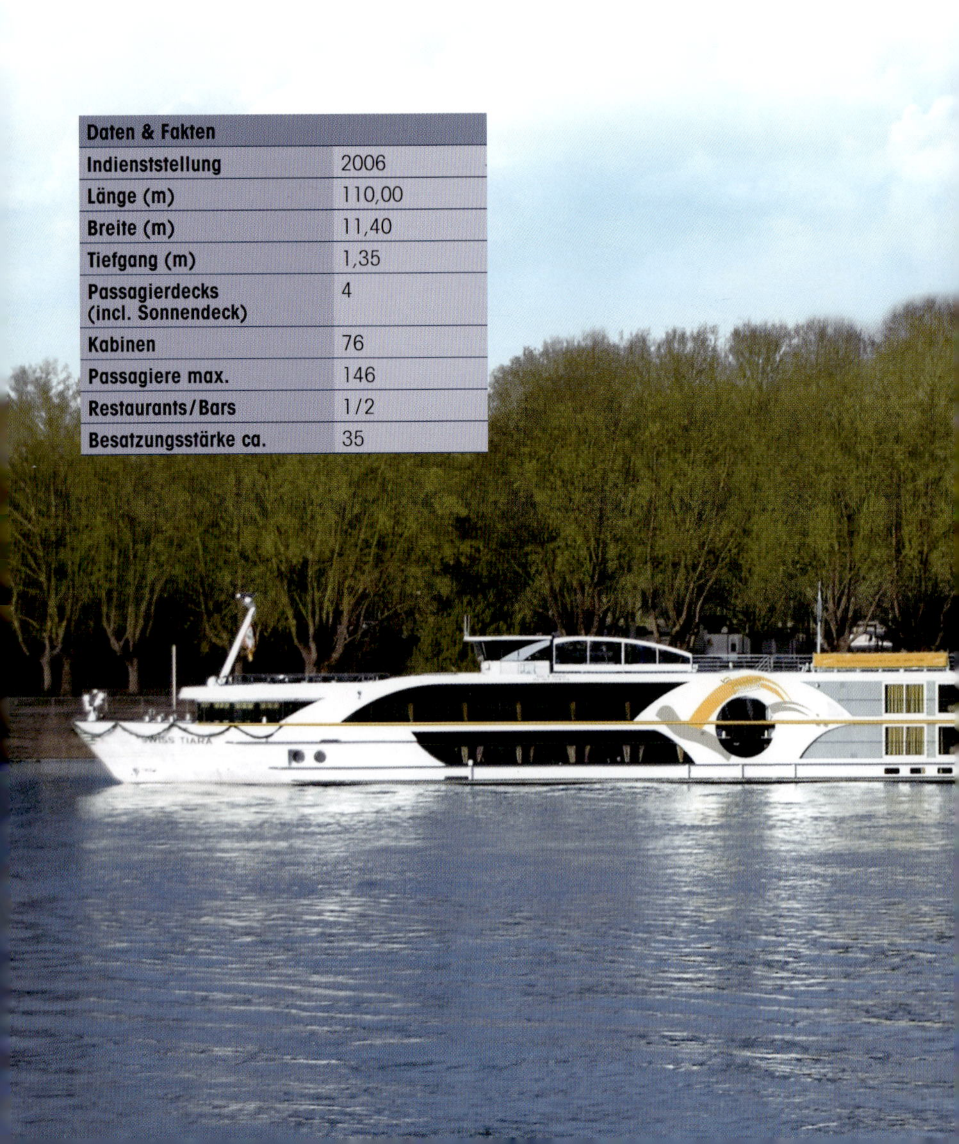

MS Swiss Tiara

Eine echte Schönheit ist dieses Flussschiff der neuen Generation, das primär auf der Donau unterwegs ist. Vom geschmackvollen Ambiente und luxuriösen Stil bis hin zur komfortablen Einrichtung bietet sie alles, was der anspruchsvolle Gast erwartet: wohnlich eingerichtete Kabinen und Suiten mit Französischen Balkonen oder Fenstern, eine schicke Panorama-Lounge, eine gemütliche Heckbar mit Außenterrasse, ein großzügiges Sonnendeck, Whirlpool, Sauna, Dampfbad, Sauna und vieles mehr. Im repräsentativen Restaurant (eine Tischzeit) werden die Passagiere mit unterschiedlichsten kulinarischen Köstlichkeiten verwöhnt.
Bordsprache: Deutsch.

MS Swiss Tiara auf dem Rhein vor dem Deutschen Eck, Koblenz

MS Douro Cruiser

Auf dem Unterlauf des Duero (Portugiesisch: Douro), wo in früheren Zeiten die Winzer Portweinfässer transportierten, kreuzt seit 2005 die *MS Douro Cruiser*. Das Tal des Duero zählt zu den aufregendsten und reizvollsten Landschaften Portugals und Europas. Der Neubau erfüllt alle Anforderungen, die heute an ein modernes Flusskreuzfahrtschiff gestellt werden. Zum Frühstück und mittags wird ein reichhaltiges Buffet geboten. Abends servieren Kellner internationale und lokale Spezialitäten. In der Lounge werden – wie könnte es anders sein – Fado- und Flamenco-Shows geboten.

Ein Fahrstuhl verbindet die drei Passagierdecks; ein Treppenlift führt auf das Sonnendeck. Der Salon bietet das richtige Ambiente für entspannte Stunden. Zum Verweilen lädt das Sonnendeck ein: ein idealer Ort, um die vorüberziehende Landschaft mit schroffen Felsen, Wäldern und Weinbaugebieten zu genießen und die Seele baumeln zu lassen.

Bordsprachen: Englisch, Portugiesisch.

Daten & Fakten	
Indienststellung	2005
Länge (m)	78,00
Breite (m)	11,40
Tiefgang (m)	1,45
Passagierdecks (incl. Sonnendeck)	3
Kabinen	65
Passagiere max.	130
Restaurants/Bars	1/1
Besatzungsstärke ca.	35

MS Douro Cruiser

Douro Cruiser

MS Andrey Rublev

2010/11 rundum renoviert, ist dieser altbewährte Flusskreuzfahrer mit allen Annehmlichkeiten eines gehobenen Standards auf Russlands Flüssen unterwegs. Zwei Kabinenkategorien unterschiedlicher Größe (10 und 15 m²) bieten funktionelle Behaglichkeit und moderne Ausstattung. Auf dem Sonnendeck werden in der großzügigen Bar und Lounge Folklore, Konzerte, Lesungen und Vorträge geboten. Ideale Aussicht auf die malerischen Flusslandschaften bietet die Panorama-Bar auf dem Bootsdeck. Die Restaurants auf Boots- und Oberdeck servieren wohlschmeckende russische Gerichte.
Auf allen Reisen sind Dolmetscher und ein Arzt an Bord.

Daten & Fakten	
Indienststellung	1981
Renovierung	2010/11
Länge (m)	125,00
Breite (m)	16,70
Tiefgang (m)	3,00
Passagierdecks (incl. Sonnendeck)	5
Kabinen	146
Passagiere max.	250
Restaurants/Bars	2/3
Besatzungsstärke ca.	95

MS Andrey Rublev

MS President No. 3

Ein besonderes Schiff mit einer Ausstrahlung von Exotik und Abenteuer! Einem chinesischen Palast nachempfunden und mit fünf Sternen bewertet, befährt es den Jangtse und seine spektakulär-grandiosen Drei Schluchten.

Kabinen und Suiten sind großzügig und komfortabel eingerichtet und voll klimatisiert. Die Mahlzeiten (chinesische Spezialitäten) werden in einer Sitzung eingenommen. Das Tagesprogramm wird in deutscher Sprache angeboten. Dolmetscher erläutern die touristischen und historischen Sehenswürdigkeiten.

Daten & Fakten	
Indienststellung	2011
Länge (m)	91,80
Breite (m)	16,80
Passagierdecks	3
Kabinen	84
Passagiere max.	168
Restaurants/Bars	1/2
Besatzungsstärke ca.	100

Deluxe Suite

MS President No. 3 auf dem Jangtse

Reisebüro Mittelthurgau

In Kooperation mit Twerenbold Reisen entwickelte das Reisebüro Mittelthurgau Fluss- und Kreuzfahrten (RbMT) auf höchstem Niveau und gestaltete eine Flotte, deren vier Schiffe mit Fug und Recht das Wort »Excellence« im Namen tragen: *Rhône, Royal, Queen, Coral.*

Daten & Fakten	
Indienststellung	1998
Renovierung/Umbau	2007
Länge (m)	82,00
Breite (m)	9,50
Tiefgang (m)	1,05
Passagierdecks (incl. Sonnendeck)	3
Kabinen	45
Passagiere max.	87
Restaurants/Bars	1/1
Besatzungsstärke ca.	20

MS Excellence Coral

MS Excellence Coral

Mit der *MS Excellence Coral* erreichte RbMT ein wichtiges Ziel: Klein und wendig, kann dieses Schiff Gewässer mit niedrigen Brücken und engen Schleusen sowie küstennahe Gebiete befahren, was Wege zu außergewöhnlich reizvollen Routen eröffnet.

Die überschaubare Größe und das charmante Interieur schaffen eine angenehme, persönliche Atmosphäre. Alles ist stilvoll, funktionell und übersichtlich angeordnet. Das Restaurant ist von klassischer Eleganz und bietet den passenden Rahmen für Köstlichkeiten aus Küche und Keller. Frühstück und Mittagessen werden als Buffet angeboten. Abends servieren Kellner das mehrgängige Menü. Im Salon mit der gemütlichen Panorama-Bar bieten große Fenster Aussichten auf die vorbeiziehenden Flusslandlandschaften. Alle Kabinen sind Außenkabinen, rund 13 m^2 groß, auf dem Oberdeck mit großen Panoramafenstern und auf dem Hauptdeck mit zwei kleineren, aus Sicherheitsgründen nicht zu öffnenden Fenstern.

Bordsprache: Deutsch.

Kontakt für zusätzliche Informationen:
Reisebüro Mittelthurgau Fluss- und Kreuzfahrten Weinfelden/Schweiz,
Tel. +41(0)71 6268585;
www.mittelthurgau.ch

Daten & Fakten	
Indienststellung	2001
Länge (m)	103,00
Breite (m)	9,80
Tiefgang (m)	1,30
Passagierdecks (incl. Sonnendeck)	3
Kabinen	44
Passagiere max.	88
Restaurants/Bars	1/2
Besatzungsstärke ca.	35

River Cloud II

Sea Cloud Cruises
River Cloud II

Modern – Mediterran – Maritim. Kenner sind überzeugt: Es gibt viele Flussschiffe, aber nur eine Flussyacht: *River Cloud II*! Ein Traum in Weiß, eine Klasse für sich, ein schwimmendes 5-Sterne-Hotel auf den schönsten Strömen Europas!

Unter Deck sorgen Teak, Messing und edle Stoffe für mediterrane Leichtigkeit und verleihen dieser Bella Donna das Flair der 1930er-Jahre. Die Küche genügt höchsten Ansprüchen, und die Servicekräfte sind bestrebt, ihren Gästen jeden Wunsch von den Augen abzulesen. Die Brücke steht den Passagieren offen. Restaurant und Lounge (mit Bar und Steinway-Flügel) befinden sich auf dem Promenadendeck. Im Restaurant (90 Plätze) mit Panoramablick herrscht freie Tischwahl (eine Sitzung). Oft kommen Starköche, ausgewählte Sommeliers und renommierte Lektoren an Bord oder begleiten die Reise. Das großzügige Sonnendeck bietet Teakholzstühle, Großschach und Shuffleboard. Bei Schlechtwetter stehen Regenschirme für Landgänge und Ausflüge bereit.

Bordsprachen: Deutsch, Englisch.

Kontakt für zusätzliche Informationen:
Sea Cloud Cruises Hamburg,
Tel. (040) 30 95 92–0; www.seacloud.com

Restaurant mit Panoramablick

Serenité River Cruising
Serenité

Geradezu familiär ist die Atmosphäre auf diesem kleinen »Traumschiff«. Entsprechend dem Namen, der im Französischen für Ruhe, Entspannung, Ausgeglichenheit, Gelassenheit und innere Heiterkeit steht, vermittelt die *Serenité* die Vorzüge des geruhsamen Reisens. Deutschlands kleinstem Kreuzfahrtschiff stehen alle Flüsse und Kanäle offen – von Brandenburg und Mecklenburg-Vorpommern über Frankreich bis ans Mittelmeer. Wer *Serenité* bucht, wählt eine Erlebnistour, denn Hoch- oder Niedrigwasser oder ein Special Event am Ort erlauben kurzfristige Routenänderungen. Beim Innenausbau hat der Eigner, der jahrelang auf einem Luxus-Hochseesegler fuhr, viel Edles davon abgeschaut. Die Kabinen sind nach Flüssen benannt: Marne, Mosel, Saône, Seine, Rhein, Rhône. Entsprechend der sportlich-informellen Bordatmosphäre ist die Kleidung tagsüber leger. Gespeist wird gemeinsam. Brötchen – in Frankreich Baguettes – werden morgens frisch eingekauft, ebenso wie beispielsweise Spargel auf dem Markt und Fleisch beim Metzger am Ort.

Bordsprache: Deutsch.

Kontakt für zusätzliche Informationen:
Serenité River Cruising Erlenbach/Main, Mobil-Tel. 0172 652 43 78; www.serenite-rivercruising.de

Daten & Fakten	
Indienststellung	2001
Länge (m)	38,50
Breite (m)	5,05
Passagierdecks (incl. Sonnendeck)	3
Kabinen	6
Passagiere max.	12
Restaurants/Bars	1/1
Besatzungsstärke	5

Die Serenité auf dem Canal de Briare, einem Teilstück des Loire-Seitenkanals, der den Übergang von der Seine zum Mittelmeer ermöglicht

TransOcean Kreuzfahrten

TransOcean Kreuzfahrten GmbH & Co KG, Bremen, betreibt nicht nur Cruise Liner wie beispielsweise die *MS Astor* (siehe Seite 75), sondern auch Flusskreuzer fernab vom Massentourismus.

MS Sans Souci

Aus Platzgründen kann hier nur die *MS Sans Souci* dargestellt werden. Ihr Name (französisch für: sorglos, unbekümmert) ist Programm und steht für sorgloses, unbekümmertes Reisevergnügen ab und nach dem Heimathafen Berlin.
Die Kabinen sind nicht allzu groß, können aber dank eines ausgeklügelten Konzepts von der Service-Crew im Handumdrehen in ein gemütliches Schlafzimmer verwandelt werden. Große Fenster – besonders von der bugseitig angeordneten Panorama-Lounge – bieten herrliche Aussichten auf die vorbeiziehenden Flusslandschaften. Warme Holztöne, feine Messingdekore und freundliche Farben bieten ein ansprechendes Ambiente. Die *Sans Souci* ist klein und kann folglich verträumte Wasserwege befahren, die manch größerer Konkurrentin verwehrt bleiben.

Bordsprache: Deutsch.

Kontakt für zusätzliche Informationen:
TransOcean Kreuzfahrten Bremen,
Tel. (0421) 33 36–0; www.transocean.de

Daten & Fakten	
Indienststellung	2000
Renovierung	2004
Länge (m)	82,00
Breite (m)	9,50
Passagierdecks (incl. Sonnendeck)	3
Kabinen	41
Passagiere max.	81
Restaurants/Bars	1/1
Besatzungsstärke	25

MS Sans Souci

TUI FlussGenuss

Bei der Gestaltung ihrer Flotte verwöhnt die TUI FlussGenuss ihre Gäste nicht nur mit interessanten Reiserouten (Donau, Main, Mosel, Rhein), gepflegtem Interieur, Wohnkomfort, vielseitigen Wellnesseinrichtungen sowie einer herausragenden, reichlichen und vielfältigen Küche, sondern nutzt auch modernste technische Entwicklungen. So ist von ihren fünf Flussschiffen nur das älteste, die *TUI Maxima* (Baujahr 2003), noch nicht nach dem TwinCruiser-Konzept gebaut worden. Zwischen 2008 und 2011 in Dienst gestellt, gehören alle übrigen – *Allegra, Melodia, Sonata, Queen* – diesem neuen Schiffstyp an. TwinCruiser bestehen aus zwei Schiffskörpern (Schubboot und Hauptschiff), die durch eine spezielle Kupplung verbunden sind. Den Passagieren bietet dieses Konzept deutlich verbesserten Wohn- und Reisekomfort, da eine Übertragung der Geräusche und Vibrationen der im Schubboot installierten Maschinen und Antriebsanlage auf das Hauptschiff mit seinen Kabinen und öffentlichen Bereichen weitestgehend vermieden wird. Auf dem Schubboot befinden sich auch die Brücke mit höhenverstellbarem Fahrstand und die Unterkünfte der Crew. Für die Reeder ist diese Bauweise auch deshalb vorteilhaft, weil sich durch Einsetzung vorgefertigter Kabinen vielfältige Gestaltungsmöglichkeiten bieten und die Bauzeit eines TwinCruisers enorm verkürzt wird.

TUI Allegra

TUI Allegra

Als Jüngste der FlussGenuss-Flotte bietet die *TUI Allegra* als 4-Sterne-Plus-Schiff modernes Ambiente, geräumige und moderne Kabinen, Panorama-Lounge, einen gemütlichen Club sowie eine großzügige Vinothek mit Bibliothek und eine freundliche Lido-Terrasse. Das Restaurant erstreckt sich über eineinhalb Decks. Wind- und sonnengeschützt, ist das Sonnendeck der ideale Ort, die Seele baumeln zu lassen.
Bordsprache: Deutsch.

Kontakt für zusätzliche Informationen:
TUI Deutschland Hannover,
Tel. (0511) 567–8923,
Mobil +49(0)1803 688 000;
www.tui-flussgenuss.de

Daten & Fakten	
Indienststellung	2011
Länge (m)	135,00
Breite (m)	11,40
Tiefgang (m)	1,60
Passagierdecks (incl. Sonnendeck)	4
Kabinen	89
Passagiere max.	186
Restaurants/Bars	1/1
Besatzungsstärke	44

Viking Flusskreuzfahrten

Viking Flusskreuzfahrten (Viking River Cruises) ist mit 20 Schiffen (Stand Mai 2012) eine der weltweit größten Flusskreuzfahrtlinien. Auf der gesamten Flotte bürgt das Schweizer Hotelmanagement für Qualität und garantiert, dass alle diese schwimmenden Hotels im 4- bis 5-Sterne-Bereich eingeordnet werden können. Die Bettenkapazität von etwa 110 bis 260 Betten gewährleistet auf allen Schiffen eine persönliche Atmosphäre, erstklassige Gastronomie, Top-Service und kurze Wege. Ihre Innenausstattung ist modern und großzügig mit geschmackvollen Farbkonzepten. Alle Kabinen sind Außenkabinen mit großzügiger Panoramaverglasung oder Französischen beziehungsweise begehbaren Balkonen. Überall stehen den Passagieren weitläufige Sonnen- und Panoramadecks, Aussichtssalon, Restaurant, Bar und Wäscheservice, Fitness-, Wellness- und Beauty-Angebote zur Verfügung – kurz all die Annehmlichkeiten, die man in hervorragenden Hotels erwartet. Wie bei anderen großen Reedereien und Veranstaltern kann auch hier nur eine kleine Auswahl der großen Flotte detaillierter dargestellt werden.

Kontakt für zusätzliche Informationen:
Viking Flusskreuzfahrten Köln,
Tel. (0221) 25 86–0;
www.vikingflusskreuzfahrten.de

Amadeus Brilliant

Als jüngstes Schiff der österreichischen Reederei Lüftner Cruises ist die *Amadeus Brillant* elegant und gemütlich konzipiert. Ihre Kabinen – überwiegend mit Französischem Balkon – sind luxuriös ausgestattet, die Gesellschaftsräume exklusiv gestaltet. Ihre primären Fahrtgebiete sind Rhein, Main und Mosel.
Bordsprache: Deutsch.

Kontakt für zusätzliche Informationen:
Lüftner Cruises Innsbruck (Österreich),
www.lueftner-cruises.com

Daten & Fakten	
Indienststellung	2011
Länge (m)	110,00
Breite (m)	11,40
Tiefgang (m)	1,30
Passagierdecks (incl. Sonnendeck)	4
Kabinen	76
Passagiere max.	150
Restaurants/Bars	1/1
Besatzungsstärke	40

Amadeus Brilliant (Foto Lüftner Cruises)

Viking Emerald

Auf Chinas faszinierendem Jangtse ist die *Viking Emerald* zu Hause. Sie verfügt ausschließlich über Suiten und Deluxe-Kabinen – allesamt von überdurchschnittlicher Größe und mit Privatbalkon. Dieser 5-Sterne-Flusskreuzer bietet jeden erdenklichen Komfort – vom Lift bis zur Gastronomie, Service auf höchstem Niveau und große Fitness-, Wellness- und Beautybereiche. Die Gastronomie ist dem europäischen Gaumen angepasst. Ein Arzt ist ständig an Bord.
Bordsprachen: Chinesisch, Englisch. Das Tagesprogramm wird in deutscher Sprache angeboten. Dolmetscher erläutern die touristischen und historischen Sehenswürdigkeiten.

Daten & Fakten	
Indienststellung	2011
Länge (m)	126,50
Breite (m)	17,20
Passagierdecks (incl. Sonnendeck)	6
Kabinen	132
Passagiere max.	264
Restaurants/Bars	1/2
Besatzungsstärke	140

Viking Emerald

Die beeindruckende Lobby der Viking Emerald

Viking Spirit

Sie kreuzt auf dem Unterlauf der Seine. Jeder Zoll entspricht der Viking-Philosophie, dem Gast optimale Qualität und Service zu bieten. Auf Ober- und Mitteldeck lassen sich die Panoramafenster öffnen. Exzellente Aussicht bieten Aussichtssalon und Promenade auf dem Oberdeck, in dessen Heckbereich sich das Panoramarestaurant befindet. Das Sonnendeck ist groß, bietet Sonnensegel und Großschach und ist – bei gutem Wetter – die ideale Aussichtsplattform.

Daten & Fakten	
Indienststellung	2001
Länge (m)	114,40
Breite (m)	11,30
Passagierdecks (incl. Sonnendeck)	4
Kabinen	75
Passagiere max.	150
Restaurants/Bars	1/1
Besatzungsstärke	40

Viking Spirit

Viking Truvor

Im Winter 2008/09 gemäß westlichen Standards komplett umgebaut, gilt die *Viking Truvor* (ehemals *Viking Kirov*) als das zurzeit luxuriöseste Schiff auf Russlands Flüssen und Seen: Newa, Swir, Wolga. Nun erstrahlen alle Räumlichkeiten in elegantem, skandinavisch inspirierten Viking-Interieur. Die kulinarische Qualität liegt weit über dem Durchschnitt. Bei den Kabinen handelt es sich um klimatisierte und deutlich vergrößerte Deluxe-Kabinen und Suiten. Im Rahmen der Umbau- und Renovierungsarbeiten wurde auch ein Lift eingebaut. Die *Viking Truvor* bietet also eine bequeme, stilvolle und sichere Art, Russland zu erkunden. Ein Arzt ist ständig an Bord. Bordsprache: Deutsch.

Daten & Fakten	
Indienststellung	1998
Umbau/Renovierung	2008/09
Länge (m)	129,40
Breite (m)	16,70
Passagierdecks (incl. Sonnendeck)	5
Kabinen	106
Passagiere max.	210
Restaurants/Bars	1/1
Besatzungsstärke	114

Viking Truvor

Seeschiffe

Bild links; Queen Elizabeth, Streichquartett in der Grand Lobby

Flussschiffe

Zum Weiterlesen aus dem Verlag pietsch

Mit der MS DEUTSCHLAND, dem »Traumschiff«, in eine der faszinierendsten Gegenden der Welt – der Fotograf Christian Prager nimmt seine Leser mit auf eine unvergessliche Reise ins Nordmeer. Von der Küste Norwegens geht es hinauf in zerklüftete Fjorde, weiter zu den Lofoten und schließlich nach Spitzbergen. Eine bildgewaltige Reiseroute, die Sehnsucht weckt!

224 Seiten, Format 230 × 285 mm
ISBN 978-3-613-50618-3
€ 14,95 / sFr 19,90 / € (A) 15,40

Das »Traumschiff« des ZDF lichtet seinen Anker für eine Reise in die Welt von »1001 Nacht«. Dieser Bildband in limitierter und nummerierter Auflage lässt nicht nur jeden Höhepunkt der faszinierenden Seereise in Wort und Bild nacherleben, sondern wirft einen Blick hinter die Kulissen bei den Dreharbeiten an Bord der »MS Deutschland«.

224 Seiten, Format 305 × 320 mm
ISBN 978-3-613-50614-5
€ 19,95 / sFr 27,90 / € (A) 20,60